工业和信息化人才培养规划教材
Industry And Information Technology Training Planning Materials

Technical And Vocational Education
高职高专计算机系列

计算机组装与维护（第2版）

Computer Assembly and Maintenance

王纪东 陈锦玲 ◎ 主编

洪炜 李钢 夏妍 ◎ 副主编

人民邮电出版社

北 京

图书在版编目（CIP）数据

计算机组装与维护 / 王纪东，陈锦玲主编. -- 2版
. -- 北京：人民邮电出版社，2013.4（2018.9重印）
工业和信息化人才培养规划教材. 高职高专计算机系
列
ISBN 978-7-115-30778-1

Ⅰ. ①计… Ⅱ. ①王… ②陈… Ⅲ. ①电子计算机－
组装－高等职业教育－教材②计算机维护－高等职业教育
－教材 Ⅳ. ①TP30

中国版本图书馆CIP数据核字(2013)第014712号

内 容 提 要

本书以个人计算机的组装与维护为主线，分为选购篇、组装篇、维护篇 3 个部分，主要介绍计算机系统的基本知识、计算机配件及外围设备的选购、个人计算机的组装过程、构建软件系统的一般过程、系统备份和优化、计算机软硬件故障诊断、计算机的维护方法等内容。

本书适合作为高等职业院校"计算机组装与维护"课程的教材，同时也适合作为计算机初学者的自学用书。

　◆ 主　编　王纪东　陈锦玲
　　副主编　洪　炜　李　钢　夏　妍
　　责任编辑　王　平
　◆ 人民邮电出版社出版发行　　北京市丰台区成寿寺路 11 号
　　邮编　100164　电子邮件　315@ptpress.com.cn
　　网址　http://www.ptpress.com.cn
　　北京九州迅驰传媒文化有限公司印刷
　◆ 开本：787×1092　1/16
　　印张：16.5　　　　　　　2013 年 4 月第 2 版
　　字数：421 千字　　　　　2018 年 9 月北京第 10 次印刷
　　　　　　ISBN 978-7-115-30778-1

定价：34.50 元
读者服务热线：(010)81055256　印装质量热线：(010)81055316
反盗版热线：(010)81055315

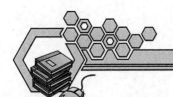

第 2 版前言

随着计算机软、硬件技术的发展，个人计算机逐渐走入千家万户，成为人们日常生活和办公的必需品。越来越多的从事计算机组装和维护的人员需要掌握较为全面的计算机组装和维护技能。在高职教育中，"计算机组装与维护"也成为一门重要的课程。

本书结合当前主流的硬件和软件，介绍了计算机组装与维护的基本技能。全书在内容安排上力求做到深浅适度、详略得当，从基础知识起步，用大量的案例介绍计算机组装与维护的基本方法和技巧。叙述上力求简明扼要、通俗易懂，既方便教师讲授，又便于学生理解掌握。

计算机行业的知识更新速度快，书本上的知识常常滞后于现实中技术和产品的更新速度。因此本书重在向学生传授计算机组装与维护的基本知识和常用技能，同时教给学生获取新知识的方法和途径。

为方便教师教学，本书配备了内容丰富的教学资源包，包括 PPT 电子教案、习题答案、教学大纲和 2 套模拟试题及答案。任课老师可登录人民邮电出版社教学服务与资源网（www.ptpedu.com.cn）免费下载使用。

本书共 12 章，教学时数为 80 学时，各项目的参考教学课时如下表所示。

章　节	课　程　内　容	课 时 分 配（学时）	
		讲　授	实践训练
第 1 章	计算机系统概述	2	2
第 2 章	CPU 及其选购	2	2
第 3 章	主板及其选购	4	4
第 4 章	存储设备及其选购	4	4
第 5 章	其他重要配件及其选购	2	4
第 6 章	常用外围设备及其选购	2	4
第 7 章	选购其他计算机产品	4	4
第 8 章	组装计算机	6	6
第 9 章	构建软件系统	4	2
第 10 章	系统优化、备份与安全设置	4	2
第 11 章	计算机系统的管理和维护	2	2
第 12 章	计算机常见故障诊断及维护	4	4
课 时 总 计		40	40

本书由王纪东、陈锦玲任主编，洪炜、李钢、夏研任副主编，王纪东编写第 1～3 章，洪炜编写第 4～6 章，李钢编写第 7～9 章，夏研编写第 10～12 章。参加编写工作的还有沈精虎、黄业清、宋一兵、谭雪松、向先波、冯辉、计晓明、滕玲、董彩霞、管振起等。由于编者水平有限，书中难免存在疏漏之处，敬请各位读者指正。

编　者
2013 年 2 月

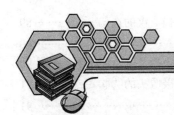

目　录

第1章
计算机系统概述

21世纪是信息化的时代，计算机在当今社会中正起着越来越重要的作用。为了适应现代社会的发展，每个人都有必要学会使用计算机。随着计算机逐渐走进千家万户，越来越多的人准备配置一台自己的计算机。

【学习目标】

- 了解计算机的基础知识。
- 了解计算机的发展阶段。
- 熟悉计算机系统的组成。
- 熟悉计算机部件的组成。
- 了解计算机的选购技巧。

1.1 计算机简介

计算机（Computer，电子计算机）俗称"电脑"，是一种能按照事先存储的程序，自动、高速地进行大量数值计算和各种信息处理的现代化电子智能装备。

1.1.1 计算机的应用

计算机的特点使其在多个领域得到广泛的应用，主要体现在以下几个方面。

1. 科学计算

由于具有高运算速度和精度以及逻辑判断能力，计算机广泛应用在高能物理、工程设计、地震预测、气象预报、航天技术等领域。

在气象预报中，气象卫星从太空的不同位置对地球表面进行拍摄，大量的观测数据通过卫星传回到地面工作站。这些数据经过计算机计算处理后可以得到比较准确的气象信息。图1-1所示为计算机运算得到的卫星云图。

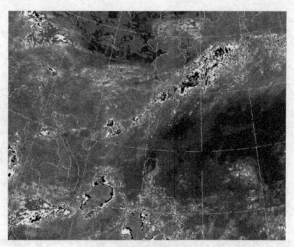

图 1-1　卫星云图

2．信息管理

信息管理是目前计算机应用最广泛的一个领域。利用计算机来加工、管理与操作任何形式的数据资料，如企业管理、物资管理、报表统计、账目计算、信息情报检索等，如图 1-2 所示。

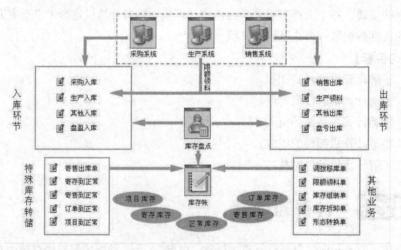

图 1-2　某公司库存管理系统

3．计算机辅助系统

● 计算机辅助设计（CAD）：利用计算机来帮助设计人员进行工程设计。图 1-3 所示为由计算机辅助设计的建筑模型。

● 计算机辅助制造（CAM）：利用计算机进行生产设备的管理、控制与操作，从而提高产品质量、降低生产成本。图 1-4 所示为由计算机模拟机器零件的加工过程。

● 计算机辅助测试（CAT）：利用计算机进行复杂而大量的测试工作。图 1-5 所示为发电机组智能测试系统，可自动完成对发电机组所有电参数的专项测试。

● 计算机辅助教学（CAI）：利用计算机帮助教师讲授和学生学习的自动化系统。图 1-6 所示为通过视频实现远程教学的过程。

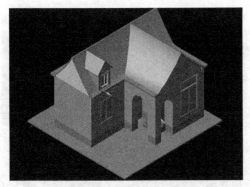

图 1-3　计算机辅助设计

图 1-4　计算机辅助制造

图 1-5　计算机辅助测试

图 1-6　计算机辅助教学

4．在人们日常生活中的应用

近年来，计算机更是给我们的生活带来了奇妙的变化，主要表现在以下几个方面。

（1）让地球成为了真正的地球村。使用 QQ 等软件可以和世界上任何地方的人通信；浏览 Internet 上的新闻能让用户足不出户知晓天下事；E-mail 让用户不再去邮局寄信。

（2）生产的高度自动化。数控车床、数控机床和工业机器人让生产效率成倍提高，而成本却大幅下降。

（3）银行在全国甚至全世界范围内通存通取，出去旅游只需要带一张信用卡，而不再需要提心吊胆地携带大量现金。

1.1.2　计算机的特点

计算机经过飞速发展已经进入了高性能时代，为人类生活带了巨大变革，是人类科技进步的重要推动力量。归纳起来，计算机具有以下几方面的特点。

（1）快速、准确的运算和逻辑判断能力。图 1-7 所示的 IBM 公司的"深蓝"计算机在对手每走一步棋的时间里能思考两亿步棋。并在与世界象棋大师卡斯帕罗夫的对弈中取得胜利，电脑首次战胜人脑。

（2）强大的存储能力。计算机能存储大量数字、文字、图像以及声音等信息，而且记忆能力惊人。图 1-8 所示为存储量极大的联想计算机，能存储国家图书馆所有的藏书和文献资料。

图1-7 "深蓝"计算机

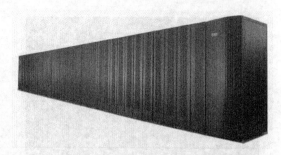

图1-8 联想亿万次计算机

（3）自动化功能和判断能力。计算机能"记"下预先编制好的一组指令（称为程序），然后自动地逐条取出并执行这些指令，工作过程完全自动化，不需要人的干预。图1-9所示为清洁机器人自动清洁地板。

（4）网络功能。可以将几十台、几百台甚至更多的计算机通过通信线路连成一个网络，还可以将多个城市和国家的计算机连在一个计算机网上。图1-10所示为一个集团的网络分布情况。

图1-9 三星清洁机器人

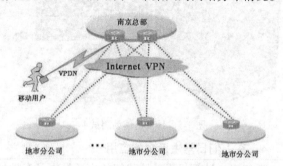

图1-10 集团管理网络拓扑图

1.1.3 未来计算机的发展趋势

未来的计算机将以超大规模集成电路为基础，向巨型化、微型化、网络化与智能化的方向发展。

（1）巨型化。巨型化是指计算机的运算速率更高、存储容量更大、功能更强。图1-11所示为"曙光"系列超级计算机——曙光-5000A，其运算速度为每秒2 300 000亿次。

（2）微型化。随着微电子技术的进一步发展，笔记本电脑、掌上计算机等微型计算机以更优的性价比受到人们的欢迎。图1-12所示的掌上电脑具有体积小、携带方便和操作简单等优点。

图1-11 曙光-5000A超级计算机

图1-12 掌上电脑

（3）网络化。随着计算机应用的深入，特别是家用计算机的普及，众多用户可以通过互联网共享信息资源，并能互相传递信息进行通信。

（4）智能化。智能化是计算机发展的一个重要方向，新一代计算机将可以模拟人的感觉、行为和思维过程，进行"看"、"听"、"说"、"想"和"做"，并具有逻辑推理、学习与证明的能力。

图 1-13 所示为机器人小闹（NAO），它能表达生气、恐惧、伤感、喜悦、兴奋和自豪等情绪。图 1-14 所示为能直接与人对话交流的仿真机器人。

图 1-13　有情绪的智能机器人

图 1-14　能与人交流的仿真机器人

1.2　计算机系统的组成

计算机由硬件系统和软件系统组成，如图 1-15 所示。

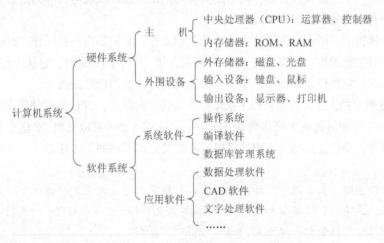

图 1-15　计算机的组成

1.2.1　计算机硬件系统

计算机的硬件体系结构是以数学家冯·诺依曼（Von Neumann）的名字命名的，被称为 Von Neumann 体系结构，其特点是：计算机硬件系统由运算器、控制器、存储器、输入设备和输出设备 5 个部分组成，采用存储程序工作原理，实现自动不间断的运算。计算机的整个工作过程及基本硬件结构如图 1-16 所示。

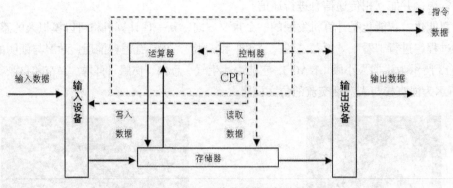

图 1-16　冯·诺依曼计算机结构模型

【知识拓展】——揭秘计算机工作的节拍：时钟频率

计算机到底是如何工作的呢？

我们可以把计算机想象成一个工作中的人，他每天上班要完成许多工作。他工作的过程就是按照工作计划的安排，逐项完成工作任务。计算机工作时也一样，即使让计算机同时做很多事情，它也会让每项工作任务分时共享，交替进行。

一个人在工作时，可能有人敲门进来要求签字，他必须停下手上的工作，当他签字完毕后，再恢复当前正在执行的任务。计算机也能在工作时响应别的任务请求，这称为"中断"，计算机处理完中断请求后继续完成后续工作。

我们还可以把计算机想象成一个有条不紊运行的大工厂：CPU 发出一条条指令，显卡和显示器负责显示文字；声卡负责播放音乐；网卡则负责与网络连通，实现与外界的信息交流，整个系统运行是在一种有节奏的节拍指挥下完成的。

其实，在计算机中，所有的电子器件并不能自动工作，它们是在一种叫作"时钟频率"的节拍的指挥下逐个节拍地运行。例如，对于 CPU 来说，第 1 个节拍到来时，它从内存中调入指令，第 2 个节拍到来时，它翻译这条指令；第 3 个节拍到来时，它执行这条指令。

CPU 这样按照节拍工作，看起来似乎很笨拙和缓慢。实际上，CPU 的时钟频率非常高，现在的主流计算机，CPU 的时钟频率可达到 2GHz 以上，这样每秒钟可以发出 20 亿个节拍，可以执行许许多多的指令，我们甚至感觉不到计算机是在交替完成不同的工作任务。

　　我们在做广播体操时，按照时间节奏每秒可以完成几个不同动作，但是与计算机比起来，这样的节拍实在太慢了。时钟频率是 CPU 的核心参数之一，其值越高，理论上每秒执行的指令数也就越多，CPU 性能也就越好。

1.2.2　计算机软件系统

只有硬件系统的计算机被称为"裸机"，它必须装上必要的软件才能完成用户指定的工作。计算机软件系统包括操作系统与应用软件。

（1）操作系统。操作系统是计算机的基础，如 DOS、Windows、UNIX、Mac OS 和 Linux 等，

它们是应用软件与计算机硬件之间的"桥梁"。图 1-17 所示为 Windows 7 操作系统启动时的界面。

（2）应用软件。应用软件的范围很广，如办公软件 Office、AutoCAD 以及游戏软件等都是应用软件，是用户工作、学习和生活中的好帮手。图 1-18 所示为用于文件下载的迅雷软件。

图 1-17　Windows 7 的启动界面

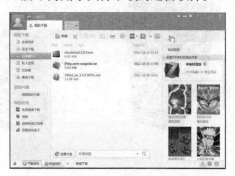

图 1-18　迅雷启动界面

1.3　计算机的硬件组成

计算机的硬件系统，是指计算机中的电子线路和物理设备。它们是看得见、摸得着的实体，是计算机的物理基础，如由集成电路芯片、印制线路板、接口插件、电子元件和导线等装配成的中央处理器、存储器以及外围设备等。计算机的整体结构如图 1-19 所示。

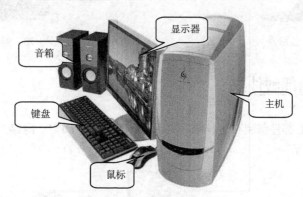

图 1-19　计算机的整体

1.3.1　计算机的基本硬件

计算机的基本硬件包括主机、输入设备和输出设备 3 大部分。

（1）主机。主机外观如图 1-20 所示，包含了几乎所有的核心工作元件，包括主板、CPU、内存条、硬盘、光驱、软驱、显示卡、声卡和网卡等部件。

（2）输入设备。输入设备是将数据输入计算机的设备，键盘和鼠标是最重要的输入设备，也是用户与计算机交流的工具，其外观如图 1-21 所示。扫描仪以及数码相机等也是常用的输入设备。

（3）输出设备。输出设备是将计算机的处理结果以适当的形式输出的设备。显示器是最重要的输出设备，经过计算机处理过的数据信息通过显示器显示出来，实现人机之间的交流。显示器外观如图 1-22 所示。音箱作为一种主流的音频输出设备，是多媒体计算机的重要组成部分之一，其外观如图 1-23 所示。

图 1-20　主机　　　　　　　　　　　　　　图 1-21　键盘和鼠标

图 1-22　显示器　　　　　　　　　　　　　图 1-23　音箱

1.3.2　主机内部硬件

计算机主机的核心部件都装在主机箱内，一般包括主板、CPU、内存、硬盘、显卡、声卡和光驱等，如图 1-24 所示。

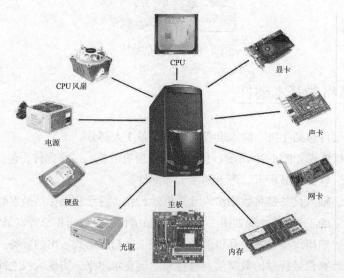

图 1-24　主机部件

（1）主板。主板（MainBoard）是一块矩形的电路板，上面焊接着各种芯片、插槽和接口等。主板是主机的核心部件之一，主要有 CPU 插座或插槽、内存插槽，还有扩展槽和各种接口、开关以及跳线。图 1-25 所示为适用于 Intel 平台的主板；图 1-26 所示为适用于 AMD 平台的主板。

图 1-25　主板 1

图 1-26　主板 2

（2）CPU。CPU 是中央处理器的简称，也称微处理器，由运算器和控制器组成。CPU 是计算机的运算中心，类似于人的大脑，用于计算数据、进行逻辑判断以及控制计算机的运行。图 1-27 和图 1-28 所示分别为 Intel 和 AMD 公司出品的 CPU。

图 1-27　Intel CORE i5-750

图 1-28　AMD Athlon64 X2 5400+

（3）内存。内存也是计算机的核心部件之一，用于临时存储程序和运算所产生的数据，其存取速度和容量大小对计算机的运行速度影响较大。计算机关机后，内存中的数据会丢失。图 1-29 所示为比较常用的 DDR 3 内存条。

（4）硬盘。硬盘是重要的外部存储器，其存储信息量大，安全系数也比较高。计算机关机后，硬盘中的数据不会丢失，是长期存储数据的首选设备。图 1-30 所示为希捷 3TB 硬盘。

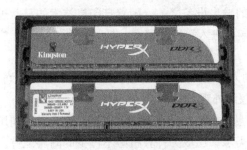

图 1-29　DDR3 内存条

图 1-30　希捷 3TB 硬盘

（5）显卡。显卡也称图形加速卡，是计算机中主要的板卡之一，用于把主板传来的数据做进一步的处理，生成供显示器输出的图形图像、文字等。有的主板集成了显卡，如果对图形图像效果要求较高（如3D游戏、工程设计等），则建议配置独立显卡。图1-31所示为七彩虹显卡。

（6）声卡。声卡用于处理计算机中的声音信号，并将处理结果传输到音箱中播放。现在的主板几乎都已经集成了声卡，只有在对声音效果要求极高的情况下才需要配置独立的声卡。图1-32所示为乐之邦声卡。

图1-31 七彩虹显卡

图1-32 乐之邦声卡

（7）光驱。光驱是安装操作系统、应用程序、驱动程序和游戏软件等必不可少的外部存储设备。其特点是容量大，抗干扰性强，存储的信息不易丢失，其外观如图1-33所示。

（8）电源。电源是为计算机提供电力的设备。电源有多个不同电压和形式的输出接口，分别接到主板、硬盘和光驱等部件上，并为其提供电能，其外观如图1-34所示。

图1-33 光驱

图1-34 电源

1.3.3 外围设备

计算机的外围设备很多，包括打印机、扫描仪、移动设备等。下面简单介绍几种常用的外围设备。

（1）打印机和扫描仪。打印机是应用最为普及的输出设备之一，随着打印机技术的日益进步以及成本的降低，越来越多的用户开始考虑让打印机进入自己的家庭。图1-35所示为打印机的外观。

扫描仪是一种捕获图像的输入设备，它可以帮助人们把图片、照片转换为计算机可以显示、编辑、存储和输出的数字格式。图1-36所示为扫描仪的外观。

（2）移动设备。可移动存储设备包括USB闪存盘（俗称U盘）和移动硬盘，这类设备使用方便，即插即用，也能满足人们对于大容量存储的需求，已成为计算机必不可少的附属配件。图1-37和图1-38所示分别为U盘和移动硬盘的外观。

图 1-35　打印机

图 1-36　扫描仪

图 1-37　U 盘

图 1-38　移动硬盘

【知识拓展】——计算机产品的兼容性

标准与我们的生活息息相关，标准为行业提供了生产规范，就像插头的形状必须符合插座的标准才能插入插座一样。在计算机中，处处体现着标准的观念。例如键盘上各个按键的排列顺序未必是最科学的，但是自从这个排列作为一种标准之后，就被大家接受。

计算机中使用各种"指令集"来指挥计算机完成各种工作，随着计算机的升级换代，不断出现新的"指令集"，但是新指令集往往都"兼容"旧的指令集，也就是说使用旧指令集编写的程序仍然能在采用新指令集的计算机上运行，这就是计算机的"兼容性"。

由于计算机产品具有更新快的特点，兼容性便成为计算机的一种重要指标。选择好的产品可以最大限度地延长产品的使用寿命。例如，计算机上的光盘驱动器坏了，我们购买一台新的 DVD 光驱后，仍然能读取以前的 VCD 光盘文件。

1.4　计算机的选购

品牌机和兼容机是当今计算机销售市场的两大主力。用户在选购计算机前，首先要做的选择就是买兼容机还是买品牌机。

1.4.1　品牌机和兼容机的比较

品牌机是计算机生产商组装的计算机，这种计算机有着固定的品牌，例如戴尔（Dell）、联想（Lenovo）和惠普（HP）等。兼容机则是计算机用户根据自己的需要选购不同品牌的计算机配件组装而成，没有固定的品牌。

1．兼容机的特点

兼容机以 DIY（Do It Yourself）精神为指导，最大的特点就是硬件选择和整机组装的自由度很高，没有固定的模式，用户可以根据自己的需求选购各种硬件。

（1）自己做主，按需选购。组装完全符合自己需要的计算机，例如配置音响效果最佳的计算机，配置显示效果最好的计算机等。

（2）开支较小。相对于品牌机而言，一台同样配置的兼容机可以比品牌机节省数百元乃至上千元，对大部分用户而言，这就节约了一笔不小的开支。

（3）升级空间大。用户在选购兼容机配件时，可以预留一定的升级空间，有利于日后对计算机性能进行升级。

（4）对用户的专业知识要求较高。兼容机的配件选购完全由个人做主，要求购买者要熟悉各种计算机配件的相关性能、技术参数和市场行情。如果用户想亲自动手组装计算机，更需要掌握相应的计算机装配与调试技术。

与品牌机完善的质保和售后服务相比，兼容机的质保期较短，一旦某个配件出现故障，维修起来相对麻烦。

2．品牌机的特点

兼容机选择的整个过程比较烦琐，需要综合考虑配置、价格、质量和售后等诸多因素，那些缺乏专业知识的用户可能根本就摸不着头脑。

（1）购买过程简单方便。选择品牌机省去了详细配置硬件的麻烦。

（2）稳定性较高。每一台品牌机在出厂前都经过严格的测试，相对于兼容机而言，稳定性、兼容性和可靠性都较高。

（3）可以得到高附加值的产品。每一台品牌机都会随机赠送正版的操作系统和各类应用软件，方便用户的使用。

（4）售后服务较好。一般而言，品牌机都有 3 年的质保期，而在技术咨询方面更非兼容机可比，可以省去很多后顾之忧。

（5）价格偏高。品牌机本身的附加值较高，广告宣传费用、推广费用以及后期的服务费用等均摊到产品上，这样就造成相同配置的品牌机比兼容机价格高。

（6）可升级性差。品牌机往往在机箱上贴了封条，如果擅自拆卸机器，就失去了保修资格，使得用户不敢随便对计算机进行升级。

（7）瓶颈效应突出。品牌计算机为了降低成本，突出卖点，一般是 CPU 配置较高而其他配置较低，这样就影响了计算机的整机性能。

最后，通过表 1-1 列出兼容机与品牌机的详细对比。

表 1-1　　　　　　　　　　　　　　　兼容机与品牌机的对比

项　目	兼　容　机	品　牌　机
外观与人性化设计	虽然目前计算机配件种类多，但是组合起来却很难个性化。 评分：★★☆☆☆	品牌机有专业的造型设计，能设计出美观新颖的机型。 不少品牌机为了方便用户，设计了内置电视卡、不开机播放音乐等功能，使产品极具个性。 评分：★★★★☆

项　　目	兼　容　机	品　牌　机
兼容性与稳定性	组装兼容机时，如果选用知名企业生产的配件，质量能有保障。 由于要从为数众多的产品中选取配件，且没有正规测试，兼容性则不能保证。 评分：★★★★☆	品牌机的兼容性和稳定性都经过严格抽检和测试，稳定性较高。 品牌机大多批量生产，也较少出现硬件不兼容现象。 评分：★★★★★
产品搭配灵活性	不少用户装机时都需要根据专业要求突出计算机某一方面的特性，完全可以根据自己的要求灵活搭配硬件。 评分：★★★★★	品牌机往往满足大多数用户的共同需求，不可能专门为几个用户生产一台计算机。 评分：★★★☆☆
价格	相同配置下兼容机的价格都要比品牌机低。 评分：★★★★★	由于包含正版软件捆绑费用、广告费用、售后服务费用等，品牌机的价格要比同配置的兼容机高。 评分：★★★★☆
售后服务	兼容机的配件只有一年的质保，对于键盘鼠标等易损部件，保质期只有 3 个月。 评分：★★★☆☆	品牌机一般提供一年上门、三年质保的售后服务，还有 800 免费技术支持电话。 评分：★★★★☆
选择建议	专业用户或具有一定专业 DIY 知识的用户可以购买兼容机，通过自己配置计算机，不但体现攒机的乐趣，更是一种学习的过程	家庭用户、计算机初级用户可以考虑购买品牌机，以保证质量并便于维护

1.4.2　计算机配置的原则和标准

　　品牌机与兼容机都有各自的优缺点，但无论是选择兼容机还是品牌机，最重要的是符合自身应用的需要，并遵循 3 个原则：合理的配置、实用的功能、最少的开支。下面以兼容机为例来介绍如何合理配置自己的计算机。

　　1．五"用"

　　五"用"原则主要包括以下 5 个方面。

　　（1）适用。"适用"就是所配置的计算机要能够满足用户的特定要求。因使用目的不同，用户对计算机性能的要求也不同，用户在购买时一定要清楚自己的需求（是学习、娱乐、设计还是工作），才能在配置计算机时得心应手。

　　（2）够用。"够用"是指所配置的计算机能够达到自己的基本需求而不必超出太多。如果只是以家用为目的，不需要运行大型的 3D 游戏或设计软件，则不必选择比较高端的配件；而对于有特定要求的用户，则应该按需选用高配置的配件。

　　（3）好用。"好用"是指计算机的易用性，用通俗的话说就是容易上手，能够很好地按照用户给予的指令完成任务。

　　（4）耐用。"耐用"一方面指计算机的健康与环保性，如符合 TCO 认证标准的 LCD 显示器可以更好地保证使用者的健康；另一方面也强调计算机的可扩展性，因为计算机的升级能力也是评价计算机耐用程度的一项指标。

（5）受用。"受用"是包括品牌、服务和价格等在内的一个感性概念。用户在配置计算机时，应该把几项内容加以综合比较和考虑，不要一味地强调价格。目前市场上有一些低价配件，尽管价格很低，但几乎没有配套服务，用户千万不要图一时的利益而导致长久的隐患。

2．3个"避免"

组装兼容机的用户一定要有正确的购机思路，避免陷入购机误区。

（1）避免"逐步升级"的思想。现在计算机配件几乎每半年就要更新一次，技术标准和价格行情也会随之变化，因此在选购配件时，用户应该选择当前的主流产品，只要能够实现所要求的功能就可以了，没有必要预留太多的升级空间。

（2）避免"CPU决定一切"的思想。很多用户以为CPU的性能决定一切，认为只要有了好的CPU，机器的性能就一定不会差。其实不然，根据木桶理论，一台计算机的整体性能很大程度上是由整体配置中性能最低的配件所决定的，因此每一个计算机配件都很重要，即使是毫不起眼的电源也会对计算机的整体性能产生影响。如果没有好的硬件与之配套，再好的CPU也无法提升系统功能，所以一定要注意计算机配件间的合理搭配。

（3）避免"最新的就是最好"的思想。有的用户以为最新的计算机配件就是最好的。的确，最新的计算机配件有着更为先进的技术和更好的功能，但它也有不足之处，一方面，计算机配件在刚上市时，价格最为昂贵；另一方面，还是按照木桶理论，如果没有足够的软件及其他配件与之配合，它所发挥的功能也会大打折扣。

3．选购技巧

在选择计算机配件时，还有一些小的技巧需要了解。

- 要根据自己的用途选择配置。
- 合理分配资金。
- 注意分辨配件的真假。
- 熟悉计算机配件及市场行情。
- 切忌粗心大意。
- 带一个内行朋友做参谋。

1.5 习题

1. 计算机的发展经历了哪几个阶段？
2. 计算机的主机内部有哪些部件（至少说出5件）？
3. 显示器可分为哪两种？
4. 在冯·诺依曼模型中，计算机由哪些主要部分组成？
5. 内存和硬盘都属于存储设备，它们的作用相同吗？
6. 计算机有哪些应用领域？
7. 计算机有什么特点？
8. 计算机有怎样的发展趋势？
9. 购买兼容机时要避免哪些误区？

选　购　篇

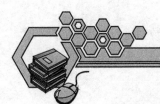

第2章

CPU 及其选购

CPU（Central Processing Unit，中央处理器）负责对信息和数据进行运算和处理，是计算机的指挥中心。在计算机硬件技术发展历程中，CPU 的发展具有标志性意义。本章将介绍 CPU 的相关知识及其选购技巧。

【学习目标】

- 了解 CPU 的发展历程。
- 明确 CPU 的主要性能参数。
- 了解 CPU 的主流产品及其用途。
- 掌握 CPU 及 CPU 风扇的选购技巧。

2.1 CPU 概述

CPU 是计算机的核心部件，其指标是衡量一台计算机性能高低的一个主要参数。计算机的发展史实际上就是 CPU 的发展史；计算机的技术竞争实际上也就是 CPU 的技术竞争。

- CPU 在整个计算机系统中居于核心地位，是整个计算机系统的指令管控中枢。
- CPU 负责计算机系统指令的执行、逻辑运算以及数据存储、传送和输入/输出操作指令的控制。
- CPU 负责处理计算机中的所有资料、信息，决定了操作系统和应用软件的运行速度，也就决定了整台计算机的运行速度。

2.1.1 CPU 的发展历程

目前，CPU 的生产厂商主要有 Intel（英特尔）和 AMD 两家。下面以 Intel 系列 CPU 为例说明 CPU 的发展历程。

Intel 公司是全球最大的半导体芯片制造商，其产品标识如图 2-1 所示。Intel 公司为全球日益发展的计算机工业提供功能模块，包括微处理器、芯片组、板卡、系统以及软件等。

1．Intel 早期的 CPU

图 2-1　Intel 的产品标识

Intel 早期的 CPU 主要经历了以下发展历程。

● 1971 年 Intel 推出了世界上第一款微处理器 Intel 4004。

● 随后依次推出了 8088、8086、80286、80386 和 80486 处理器，其性能不断提高，制作工艺也越来越精细。

● 1993 年 Intel 公司推出了划时代的 586，并将其命名为 Pentium（奔腾）处理器。

● 随后相继推出了 Pentium Pro、Pentium MMX、Pentium II、Pentium III 和 Pentium 4 处理器。

● 期间为占领低端市场，还推出了低成本的 Celeron（赛扬）系列 CPU。

　　Celeron（赛扬）系列 CPU 的典型做法是减少二级缓存和降低前端总线频率。例如：Celeron 420 主频 1.6GHz，二级缓存 512KB，前端总线 800MHz。

图 2-2 所示为部分 Intel 早期产品的外观。

图 2-2　Intel 的早期产品

2．Intel 现代的 CPU

● 2006 年，英特尔公司结束使用"奔腾"处理器转而推出"酷睿"（英文名：Core）处理器，首先推出的"酷睿一代"主要用于智能手机和掌上电脑等移动计算机。

● "酷睿一代"推出不久就被"酷睿 2"（酷睿二代）取代，"酷睿 2"是一个跨平台的架构体系，包括服务器版、桌面版、移动版三大领域。

● 2008 年推出的酷睿 i 是接替"酷睿 2"的全新处理器系列，可以理解为酷睿 i 相当于"酷睿 3"，只是酷睿 3 并不存在。酷睿 i 采用了全新的制作工艺和架构，相比于同级的酷睿 2 处理器更强，效率更高。

　　酷睿 i 又分为 i7、i5、i3 等 3 个系列。其中 2008 年推出的 i7 属于 Intel 高端产品，具有 4 核 8 线程；i5 是 i7 的精简版，属于中高端产品，4 核 4 线程；而 i3 又是 i5 的精简版，采用双核心设计，通过超线程技术可支持四个线程。

图 2-3 所示为部分 Intel 的现代产品。

图 2-3　Intel 的现代产品

【知识拓展】——AMD 系列 CPU

AMD（Advanced Micro Devices，超微半导体）是美国一家业务遍及全球，专为电子计算机、通信及电子消费类市场供应各种芯片产品的公司。

AMD 系列 CPU 的特点是以较低的核心时钟频率产生相对较高的运算效率，其主频通常会比同效能的 Intel CPU 低 1GHz 左右。AMD 早期的产品策略主要是以较低廉的产品价格取胜，虽然最高性能不如同期的 Intel 产品，但却拥有较高的性价比。

2003 年 AMD 先于 Intel 推出 64 位 CPU，使得 AMD 在 64 位 CPU 的领域有发展比较早的优势，此阶段的 AMD 产品仍采取了一贯的低主频高性能策略。

AMD 产品标识如图 2-4 所示，目前典型的 AMD CPU 产品主要有速龙（Athlon）和羿龙（Phenom）两个系列，如图 2-5 所示。

图 2-4　AMD 产品标识

图 2-5　AMD CPU 产品

如果从外观上区分 Intel 与 AMD 的 CPU，可以看到 AMD 的 CPU 有针脚，如图 2-6 所示，而目前 Intel 的 CPU 没有针脚，只有电极触点，如图 2-7 所示。

图 2-6　AMD CPU 外观

图 2-7　Intel CPU 外观

2.1.2　CPU 的分类

CPU 的种类丰富，可以满足不同的使用场合，其主要依据以下原则分类。

1. 按 CPU 字长

按照 CPU 处理信息的字长，CPU 可以分为：4 位微处理器、8 位微处理器、16 位微处理器、32 位微处理器以及 64 位微处理器等。字长越长，性能越优良。

2. 按 CPU 封装的内核数

按 CPU 封装的内核数可如下划分。

（1）单核 CPU。

其中只包括一个 CPU 核心，早期大多数 CPU 均为单核产品。

（2）双核 CPU。

双核处理器（Dual Core Processor），在一个处理器上集成两个运算核心，也就是将两个物理处理器核心整合在一个处理器上，然后采用并行总线将各处理器核心连接起来。

（3）多核 CPU。

多核 CPU 把多个芯片集成在一个封装内，不同核心间交换数据更快，减小电路延迟，并且性能比多 CPU 更高，芯片制造成本更低。

3. 按 CPU 接口分

按 CPU 接口可分为 Socket 775、Socket 754、Socket 939、Socket 940、Socket AM2 等数十种接口类型的 CPU，稍后做具体介绍。

4. 按 CPU 采用的内核分

按 CPU 采用的内核亦可分 Yonah 内核 CPU、Conroe 内核 CPU、Windsor 内核 CPU、Brisbane 内核 CPU 等数十种内核类型的 CPU。

2.1.3　CPU 的发展趋势

纵观 CPU 的发展史，可以预测未来 CPU 的发展方向。

- CPU 会继续沿着高主频多核心的方向发展。
- 制造工艺会越来越简单，集成度会越来越高。
- 高速缓存越来越大，CPU 与内存之间的瓶颈问题将会得到解决。
- CPU 的封装工艺会越来越先进，接口类型会统一为同一平台。

2.2　CPU 的结构、接口和主要性能参数

用户可以通过 CPU 的编码和接口等外部结构来认识 CPU。要衡量一个 CPU 性能的高低，主要通过 CPU 的参数来进行判断，如 CPU 的主频、双核和多核技术等。

2.2.1　CPU 的结构

从外部看，CPU 主要由三部分组成：核心、基板和针脚（触点）。下面以 Intel Core 2 Duo E7200 为例来介绍 CPU 的外部结构，如图 2-8 所示。

图 2-8　Intel Core 2 Duo E7200

（1）核心。CPU 中间凸起部分是 CPU 核心，是 CPU 集成电路所在的地方。核心内部包含各种为实现特定功能而设计的硬件单元，而每个硬件单元通常由大量的晶体管构成。

（2）基板。基板一般为印制版电路，是核心和针脚的载体。核心和针脚都是通过基板来固定的，基板将核心和针脚连成一个整体。基板负责内核芯片和外界的数据传输。早期的基板采用陶瓷制成，而现在的 CPU 已改用有机物制造，能提供更好的电气和散热性能。

（3）针脚（触点）。针脚或触点就是 CPU 的电极，CPU 进行运算后产生的电信号以及接收指令的电信号全部都从这里输出或输入，同时，针脚在安装时还能起到定位作用。

> 有的 CPU 顶面还会印有 CPU 编号，其中会注明 CPU 的名称、时钟频率、二级缓存、前端总线频率、产地和生产日期等信息，但 AMD 公司与 Intel 公司标记的形式和含义有所不同。CPU 上的安装标志用于在安装芯片时确定正确的安放位置。

2.2.2　CPU 的接口

CPU 通过接口与主板连接后才能进行工作。目前 CPU 的接口大多为针脚式，对应到主板上有相应的插槽类型，如图 2-9 所示。不同的 CPU 接口类型不同，在插孔数、体积以及形状等方面都有所差异，不能互相代换。

Socket 插座是一个方形多针脚孔的插座，插座上有一根拉杆，在安装和更换 CPU 时，只要将拉杆稍向外，再向上拉出，就可以轻易地插进或取出 CPU 芯片。

（1）LGA 775。LGA（LAND GRID ARRAY）是 Intel 64 位平台的封装形式，称为触点阵列封装，也叫作 Socket T。LGA 775 采用 775 针的 CPU，而 Socket 775 则对应在主板上采用 775 针的接口。目前采用此种接口的有 LGA 775 封装的单核心的 Celeron D 以及双核心的 Core 2 等 CPU。Socket 775 插座与其对应的 CPU 外观如图 2-10 所示。

（2）LGA 1156。LGA 1156 又叫做 Socket H，是 Intel 在 LGA775 之后推出的 CPU 插槽，也是 Intel Core i3/i5/i7 处理器（Nehalem 系列）的插槽。LGA 1156 的外观如图 2-11 所示。

图 2-9　CPU 接口

图 2-10　Socket 775

图 2-11　LGA 1156

（3）Socket AM2。Socket AM2 是支持双通道 DDR2 800 内存的 AMD 64 位桌面 CPU 的接口标准，具有 940 根 CPU 针脚。目前采用 Socket AM2 接口的有低端的 Sempron、中端的 Athlon 64、高端的 Athlon 64 X2 等 AMD 桌面 CPU。Socket AM2 插座外观如图 2-12 所示。

（4）Socket AM3。Socket AM3 为全新的 CPU 接口规格。所有 AMD 桌面级 45nm 处理器均采用了新的 Socket-AM3 插座，具有 938 针的物理引脚，并支持 DDR3 内存，其外观如图 2-13 所示。

图 2-12　Socket AM2

图 2-13　Socket AM3

要点提示

　　组装一台计算机，要充分发挥 CPU 的性能，必须有相应的主板支持，这取决于主板上采用的芯片组，它决定于 CPU 的接口（插座）类型和前端总线频率。确定一款 CPU 后，同时也决定了它所使用的主板类型。例如选了 Intel 的 CPU 就不能插在 AMD 支持的主板上。

2.2.3　CPU 的主要性能参数

下面介绍 CPU 的主要性能参数，这些参数是选购 CPU 产品的重要依据。

1．双核和多核技术

目前主流的双核（或多核）技术由 Intel 公司最早研发出来，但却是 AMD 公司首先将其应用于个人计算机上。该技术主要针对大量纯数据处理的用户，其性能在同主频单核 CPU 的基础上可提升 15%～20%，但对于大量娱乐需求的用户来说并没有明显的性能优势。

2．主频、外频和倍频

（1）主频。主频也叫作时钟频率，是 CPU 内部的时钟工作频率，用来表示 CPU 的运算速度。一般来说，主频越高，CPU 的运算速度就越快。但是，计算机的运算速度并不完全由 CPU 决定，还受主板、内存和硬盘等因素的影响。

（2）外频。外频是 CPU 的基准频率。CPU 的外频越高，CPU 与系统内存交换数据的速度越快，有利于提高系统的整体运行速度。CPU 的外频与它的生产工艺及核心技术有关。

（3）倍频。倍频是 CPU 主频和外频之间的相对比例关系，主频等于外频乘以倍频。若 CPU 的倍频为 10，外频为 200MHz，则 CPU 的主频就是 2.0GHz。倍频的数值一般为 0.5 的整数倍。

如果把外频看作 CPU 这台"机器"内部的一条生产线，那么倍频就可以看成生产线的条数。一台机器生产速度的快慢（主频）自然就是生产线的速度（外频）乘以生产线的条数（倍频）。

3．前端总线频率

前端总线（FSB）是 CPU 和外界交换数据的最主要的通道，前端总线的数据传输能力对计算机整体性能的提升作用很大。如果没有足够快的前端总线频率，再强的 CPU 也不能明显提高计算机整体速度。

前端总线是 CPU 与主板之间连接的通道，前端总线频率就是该通道运输数据的速度。如果把 CPU 看作一台安装在房间中的机器，前端总线就是这个房间的"大门"。机器的生产能力再强，如果"大门"很窄或者物流速度比较慢的话，CPU 就不得不处于一种"吃不饱"的状态。

4．缓存

随着 CPU 主频的不断提高，其处理速度也越来越快，其他设备通常赶不上 CPU 的速度，无法及时将数据传给 CPU。CPU 高速缓存（Cache Memory）用来存储一些常用的或即将用到的数据和指令，CPU 需要数据或指令的时候直接从高速缓存中读取，而不用再到内存甚至硬盘中去读取，这样大大提升了 CPU 的处理速度。

（1）L1 Cache。指 CPU 的一级缓存，它内置于 CPU 内部并与 CPU 同速运行，可以有效地提高 CPU 的运行效率。一级缓存越大，CPU 的运行效率越高，但受到 CPU 内部结构的限制，一级缓存的容量通常较小。

（2）L2 Cache。指 CPU 的二级缓存，二级缓存是比一级缓存速度更慢、容量更大的内存，主要作为一级缓存和内存之间数据的临时交换地点，以提高 CPU 的运行效率。同时，它也是区分

CPU 档次高低的一个重要标志，是影响计算机速度的一个重要因素。

（3）L3 Cache。指 CPU 的三级缓存，是为读取二级缓存后未命中的数据设计的一种缓存，在拥有三级缓存的 CPU 中，只有约 5%的数据需要从内存中调用，这进一步提高了 CPU 的效率。

　　　　　CPU 缓存位于 CPU 与内存之间，其容量比内存小，但交换速度比内存快。在 CPU 中加入缓存是一种高效的解决方案，这样整个内存储器（缓存+内存）就变成了既有高速度缓存，又有大容量内存的存储系统了。

5. 制造工艺

是指在生产 CPU 过程中，加工各种电路和电子元件以及制造导线连接各个元器件时的制造精度，以 μm（千分之一毫米）或纳米（百万分之一毫米）来表示；自 1995 年以后，制造精度从 0.5μm、0.35μm、0.25μm、0.18μm、0.15μm、0.13μm、90nm、65nm、45nm 以及 32nm，一直发展到目前最新的 22nm。

6. 工作电压

工作电压（Supply Voltage）是指 CPU 正常工作所需的电压。CPU 的制造工艺越先进，工作电压越低，发热量和功耗也就越小。

7. 超线程

超线程技术（Hyper-Threading，HT）就是利用特殊的硬件指令，把两个逻辑内核模拟成两个物理芯片，让单个处理器都能使用线程级并行计算，进而兼容多线程操作系统和软件，减少了 CPU 的闲置时间，提高了 CPU 的运行效率。

8. 总线速度

与 CPU 进行数据交换的总线速度可以分为内存总线速度和扩展总线速度。

（1）内存总线速度。内存总线速度也称为系统总线速度，一般等同于 CPU 的外频。由于内存的发展滞后于 CPU 的发展，为了缓解内存带来的瓶颈，所以出现了二级缓存来协调两者之间的差异，而内存总线速度就是指 CPU 与二级高速缓存和内存之间的工作频率。

（2）扩展总线速度。扩展总线速度（Expansion Bus Speed）是指安装在计算机系统上的局部总线（如 VESA 或 PCI 总线），当打开主机箱时会看见一些插槽，这些就是扩展槽，而扩展总线就是 CPU 联系这些外围设备的桥梁。

9. 多媒体指令集

CPU 依靠指令来计算和控制系统，指令的强弱是 CPU 性能的重要指标，每款 CPU 在设计时就规定了一系列与其硬件电路相配合的指令系统。

（1）MMX 指令集。MMX（Multi Media Extension，多媒体扩展指令集）中包括 57 条多媒体指令，通过这些指令可以一次处理多个数据，在软件的配合下，就可以得到更高的性能。

（2）SSE 指令集。SSE（Streaming SIMD Extensions，单指令多数据流扩展）指令集又称为互联网 SSE 指令集，包括 70 条指令。这些指令对目前流行的图像处理、浮点运算、3D 运算、视频处理和音频处理等多媒体应用起到了全面强化的作用。

（3）3D Now!指令集。3D Now!是一种由 AMD 公司开发的 3D 加速指令集，在一个时钟周期内可以同时处理 4 个浮点运算指令或两条 MMX 指令。

（4）扩展指令集。上面所介绍的指令集对于 CPU 来说，在基本功能方面的差别并不太大，包含的指令也差不多，但许多厂家为了提升计算机某一方面的性能，又开发了扩展指令集。扩展指令集定义了新的数据和指令，能够大大提高某方面的数据处理能力，但必须有软件支持。

2.3 CPU 的选购

CPU 是计算机的核心部件，也是决定计算机性能的主要因素。用户选择什么样的 CPU 将直接影响其所选主板及内存的类型。目前市场上的 CPU 存在品牌、性能和技术等方面的差异，具体选择什么样的产品要依据用户的使用情况而定。

2.3.1 CPU 的品牌

在目前的个人计算机市场上，主流的 CPU 品牌依然是 Intel 和 AMD。在质量和性能上，两个品牌不相上下。

1. Intel 系列

目前，Intel CPU 分为以下多个系列。

（1）T 系列。Intel 双核产品，主要用于笔记本，包括奔腾双核和酷睿双核，2 以下是奔腾双核，如 T2140；2 以上是酷睿双核，数字越大功能越强，如 T5800、T9600，酷睿双核比奔腾双核的质量好。

（2）P 系列。是 Intel 酷睿双核的升级版，目标在减小功耗，数字相同，P 系列性能优于 T 系列，例如 P8600 要好于 T8600。

（3）Q 系列。Intel 桌面平台（台式机）最早推出的 4 核产品，将两个酷睿双核封装在一起。

（4）E 系列。同 T 一样是 Intel 双核，也包括奔腾双核和酷睿双核，主要应用于台式机。

（5）酷睿 i 系列。酷睿 i7 是最高端最高性能的产品，支持 Turbo 加速模式；酷睿 i5 是酷睿 i7 的精简版；酷睿 i3 又是酷睿 i5 的精简版，酷睿 i3 整合了 GPU（图形处理器），也就是说 CPU 和 GPU 封装在一起。但是由于 GPU 性能有限，如果需要获得更好的 3D 性能，可以外加显卡。

 酷睿 i7、i5 和 i3 通常不再区分笔记本或台式机。总体性能而言，酷睿 i7>酷睿 i5>酷睿 i3>（P 系列>T 系列）；对于笔记本而言，酷睿 i7>酷睿 i3>P 系列>T 系列；对于台式机而言，酷睿 i7>酷睿 i5>酷睿 i3>Q 系列>E 系列。

下面介绍几款典型的 Intel 产品。

（1）Intel Core 2 E7200。Intel Core 2 E7200（如图 2-14 所示）采用了 45nm 工艺，相比 65nm 处理器，其性能更强，功耗降低。相对于 E4000 系列而言，二级缓存容量提升了 50%，加入 SSE4 指令集等新元素，主频达 2.53GHz，前端总线频率达 1066MHz，以及 3MB 的二级缓存。这些都令 E7200 表现出更高的性能和更低的功耗，同时超频性能更是不容忽视，在高清影视播放、多媒体和游戏等方面表现卓越。

（2）Intel Core i5 750。Intel Core i5 750（如图 2-15 所示）为台式四核心 CPU，内核为 Lynnfield，制作工艺为 45nm。主频为 2660MHz，L1 缓存为 128KB；L2 缓存为 1MB；L3 缓存为 8MB。

（3）Intel Core i7 975。Intel Core i7 975（如图 2-16 所示）为四核心 8 线程台式机 CPU，插槽类型为 LGA 1366；CPU 主频为 3.3GHz；制作工艺为 45nm；二级缓存为 1MB；三级缓存为 8MB 内核为 Bloomfield；倍频为 25 倍。

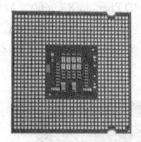

图 2-14　Intel Core 2 E7200

图 2-15　Intel Core i5 750

图 2-16　Intel Core i7 975

2．AMD 系列

目前市场上的主流 AMD 系列 CPU 产品主要有速龙（Athlon）和羿龙（Phenom）两个系列，按照产品性能由低到高排列如下：

AMD 速龙 X2（Athlon）——AMD 速龙 II X2（Athlon II）——AMD 羿龙 II X2（Phenom II）——AMD 速龙 II X3（Athlon II X3）——AMD 羿龙 II X3（Phenom II X3）——AMD 速龙 II X4（Athlon II X4）——AMD 羿龙 X4（Phenom X4）。

下面介绍几款典型的 AMD 产品。

（1）AMD Athlon 64 X2 5000+ AM2。Athlon 64 X2 5000+ AM2（如图 2-17 所示）为 Brisbane 双核心 64 位处理器，是一块中低端的 CPU 产品，但 2.6GHz 的主频和 1000MHz 的总线频率对于一般用户来说已经足够用了。该产品在 Athlon 64 X2 系列的处理器中是最具性价比的一款。

（2）AMD Phenom X4 9550。AMD Phenom X4 9550（如图 2-18 所示）为 Agena 四核心 64 位处理器。2.2GHz 的主频和 2000MHz 的总线频率以及 128 位浮点运算单元，使其在 3D 图形处理方面更出色。

（3）AMD Phenom X4 9600。AMD Phenom X4 9600（如图 2-19 所示）为四核心 64 位中端处理器。主频为 2.3GHz，集成 SSE4A 多媒体指令集和 X86-64 运算指令集。计算机在运行时，同时工作的 4 个核心可以发挥出强大的运算处理能力，能够让用户在 3D 图形处理和大型 3D 游戏中自由驰骋。

图 2-17　AMD Athlon 64 X2 5000+ AM2　　图 2-18　AMD Phenom X4 9550　　图 2-19　AMD Phenom X4 9600

【知识拓展】——选 Intel 还是 AMD

总的来讲，Intel 的 CPU 相对于 AMD 的 CPU 在兼容性、发热量及超频性能方面更出色；而 AMD 的 CPU 则在价格上有一定的优势。

AMD 的 CPU 在处理图形图像、三维制作、游戏应用等方面略有优势；Intel 的 CPU 主频较高，处理数值计算的能力较强，在科学计算、办公应用、多媒体应用（比如看电影、听音乐）等方面更强一些。

由于 Intel 的 CPU 在总体性能上要优于 AMD 的 CPU，而 AMD 的 CPU 性价比更高。因此，现在市场上购买 AMD 的 CPU 比较多。而对于初学计算机组装的用户来说，选用 Intel CPU 更有利于组装并减少出故障的可能性。

　　　　需要强调的是随着游戏对 3D 处理能力需求的提高，及用户对画面的流畅和对画质的细腻要求也越来越高，这时选择一块好的显卡比好的 CPU 更重要。随着 CPU 核心技术的不断提高，普通 CPU 的性能已经足够满足个人大多数应用的需要，所以人们在买 PC 的时候，CPU 已经不再是唯一的标准。

2.3.2　CPU 的选购技巧

CPU 无疑是衡量一台计算机档次的标志。在购买或组装一台计算机之前，首先要确定的就是选择什么样的 CPU。

CPU 产品的频率提高幅度已经远远大于其他设备的运行速度提高幅度，因此现在选购 CPU 已经不能仅凭频率高低来选择，而应该根据 CPU 的性能以及用途等方面来综合考虑，选择一款性价比高的产品。

1．注重性价比

在选购 CPU 时，性价比是一个比较重要的因素。Intel CPU 的市场占有率大、兼容性好，但是价格普遍比 AMD 的 CPU 高。建议用户尽量选择一些价格适中、性能相对出色的产品，而不要盲目追求品牌。

2. 根据需要选择

在选购 CPU 时，还应该根据用户的需求进行选择。为了适应不同用户的需求，Intel 的 CPU 有高端的 Core i7、Core i5，中端的 Core 2、Pentium 以及低端的 Celeron。AMD 的 CPU 有高端的 Phenom X4，中端的 Phenom II X3、 Athlon II X4、Athlon II X2 低端的 Sempron X2。

3. 根据用途选择

此外，选择什么样的 CPU 首先要考虑计算机用途。如果是简单的上网、看电影、听音乐、玩玩小游戏这些普通应用，低端的 CPU 就足够了。如果是用来玩大型游戏、视频编辑及 3D 图形设计，或者是资金非常充裕，应该选择性能较强的 CPU，有利于将来的升级，因为今后软件对 CPU 的要求越来越高。

2.3.3　辨别 CPU 的真伪

CPU 与其他配件不同，没有其他厂家生产的仿冒产品，但有一些不法商贩将相同厂家低主频的 CPU 经过超频处理后，当作高主频的 CPU 销售，从而非法获得两者之间的差价。另外，还有一种做假方法是用散装 CPU 加上一个便宜的风扇做成盒装 CPU。

1. 通过厂商配合识别

市场上出售的 CPU 分为盒装和散装两种，一般面向零售市场的产品大部分为盒装产品。盒装 CPU 享受 3 年质保，一般在 3 年内非人为损坏或烧毁时，厂商负责免费更换相同频率的 CPU。用户可以拨打厂商售后服务部门提供的免费咨询电话来验证产品的真伪。

（1）Intel。Intel 公司的免费服务热线是 8008201100，可以电话咨询 Intel 的产品信息、真伪和质保方法等。电话接通后，可根据语音提示信息按下分类号，将 CPU 的型号和金属帽上第 4 行的 S-Spec 编号以及散热风扇上的编号告诉对方工程师，可以查询 CPU 是否为盒装产品。

（2）AMD。AMD 公司的免费服务热线是 8008101118，只要在购买产品后，把标签上的银色涂层刮开，就会有一组数字显现出来。用户可以拨打这个热线电话咨询此产品是否为正规产品。

2. 通过包装识别

除了通过厂商的服务电话来验证产品真伪外，还可以通过包装直接识别产品的真伪。

（1）刮磨法。真品的 Intel 包装采用了特殊工艺，用户可尝试用指甲去刮擦其上的文字，即使把封装的纸刮破也不会把字擦掉，而假冒产品只要用指甲轻刮就能将文字刮掉。

（2）观察产品标签法。产品标签的激光防伪标志和产品标签应该是一体的，如图 2-20 所示。

● 激光防伪标志采用了 Intel 公司的新标志，上面的图形会随着观察角度不同而变换形状和颜色。

● 中文包装的 Intel 盒装台式机 CPU 的产品编码以"BXC"3 位大写英文字母开头，其中字母"C"代表中国。

● 标签上的 8 位由英文字母和数字组成的序列号应与 CPU 散热帽上第 5 行激光印制的序列号一致（散热帽上的序列号无需打开包装即可辨识）。

● 包装上有醒目的"盒装正品"标识。

（3）观察封口标签法。真品封口标签是 Intel 公司出厂时贴好的，封口标签底色为亮银色，字体颜色深且清晰，有立体感。封口标签有两个，分别位于图 2-21 所示的左上角和右上角位置。

（4）搓揉法。以适当的力量搓揉塑料封装纸，真品不易出褶，而假冒产品容易出现褶皱。

图 2-20　产品标签

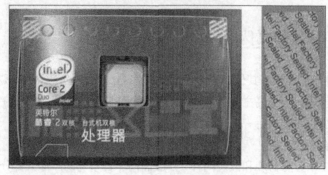

图 2-21　看封口标签

3．通过外观识别

如果是散装 CPU，要辨别是否是经过处理的 CPU。不同核心的 CPU 在表面电容及金桥的布局上会有所不同，通过仔细观察就可以分辨。

4．通过 CPU 编号识别

Intel 公司的 CPU 编号比较直观，容易辨别。图 2-22 所示为 Intel CORE i5-750 CPU 实物放大图，上面标有 CPU 的基本信息、产地信息、生产日期以及性能参数。

- 前两行显示了"CPU 基本信息"：Intel 公司的 CORE i5-750 四核处理器。
- 第 3 行显示：步进号为 SLBLC，制造地为 MALAY（马来西亚）。
- 第 4 行在"性能参数"中显示了 CPU 的频率以及二级缓存率等信息：CPU 的频率是 2.66GHz，二级缓存为 8MB。

图 2-22　CPU 编号

- 最后一行的 L925B615 为产品序列号。每个处理器的序列号应该都不相同，该序列号应与正品 Intel 盒装处理器外包装的序列号一致，还应与散热风扇的序列号一致。

2.3.4　选购案例分析

选购要求：所购计算机主要用于办公和家庭娱乐，购机预算为 4000 元以内。

【选购方案分析】

（1）选购 CPU 的原则。由于所购计算机主要用于办公和家庭娱乐，再考虑到 4000 元的预算，基本可以确定选购一款中端的 CPU 产品比较合适。

（2）待选 CPU 详细信息。通过查找相关资料，拟定以下 3 款主流的中端 CPU 产品供选择，待选 CPU 详细信息如表 2-1 所示。

表 2-1　　　　　　　　　　　　　　待选 CPU 详细信息

主要参数＼型号	AMD 羿龙 II X4 955（盒）	Intel 酷睿 i3 2120（盒）	AMD 速龙 II X4 640（盒）
适用类型	台式 CPU	台式 CPU	台式 CPU
核心数量	四核心	双核心	四核心
工作功率	125W	65W	95W
制作工艺	45nm	32nm	45nm
主频	3.2GHz	3.3GHz	3.0Hz
外频	200MHz	100MHz	200MHz
倍频	16 倍	33 倍	15 倍
总线频率	2000MHz	5000MHz	2000MHz
二级缓存	4×512KB	512KB	4×512KB
三级缓存	6MB	3MB	——
插槽类型	Socket AM3	LGA 1155	Socket AM3
价格	555 元	740 元	470 元

【参数分析】

● 从主频来看，3 款 CPU 相差不大，由于主频越高，数据的运算处理能力越强，所以应优先考虑主频较高的产品。

● 对于总线频率，其值越高，说明 CPU 与其他部件的兼容和适应性也越好，而现在市面上大多数主机部件产品的工作频率都在 2000MHz 左右。

● 对于 L2 缓存，其值越大，在运算处理大量数据时的速度越快。

● 在价格方面，一般选购 CPU 的价格占整机预算的 1/10～1/8 比较合适。

经过以上的对比分析，AMD 羿龙 II X4 955（盒）各项指标都比较突出，且具有明显的价格优势，而 Intel 酷睿 i3 2120（盒）虽然在能耗、制作工艺等方面具有优势，但是价格偏高。AMD 速龙 II X4 640（盒）在性价比方面略差，因此最后选择 AMD 羿龙 II X4 955（盒）这款 CPU。

2.4　CPU 风扇的选购

CPU 风扇就是为 CPU 安装的空调，为 CPU 提供散热功能。如果选择了与 CPU 不匹配的风扇，或者使用了错误的安装方法，轻则大大降低整个主机的性能，重则烧毁 CPU。

1. CPU 风扇的品牌

目前市场上主流的 CPU 风扇品牌有酷冷至尊、九州风神、冷静星和散热博士等。常见的 CPU 风扇外观如图 2-23 和图 2-24 所示。

图 2-23　CPU 风扇 1

图 2-24　CPU 风扇 2

2．CPU 风扇的性能参数

用户在选购 CPU 风扇时如何辨别哪些风扇的性能更好，哪些风扇更适合自己的主机呢？要解决这些问题，首先要了解 CPU 风扇的性能参数。

（1）散热片类型。图 2-23 所示的涡轮状碗形结构就是散热片。散热片根据材料的不同可分为纯铜、镶铜和纯铝散热片，其散热效果依次降低。

● 纯铜散热片比较重，对主板的要求较高，但是散热效果最好，如图 2-25 所示。

● 镶铜散热片是在铝质散热片的底部与 CPU 接触的部位镶入了一块纯铜，以增强导热功能，这种散热片物美价廉，能满足绝大部分人的需要，如图 2-26 所示。

● 纯铝散热片是最常见的，其价位低、质量轻、散热效果稍差，如图 2-27 所示。

图 2-25　纯铜散热片

图 2-26　镶铜散热片

图 2-27　纯铝散热片

（2）风量。风量指单位时间内通过风扇的空气体积，它是衡量风扇能力的一个最直观的重要指标，单位为 CFM（立方英尺/分）。在其他条件相同的情况下，风量越大，散热效果越好。

（3）转速。转速指单位时间内转动的圈数，单位是 r/min（转/分）。在风扇叶片一定的情况下，转速越高，风量越大，但噪声也越大。转速不是固定不变的，很多主板可以根据测量出的 CPU 温度来改变风扇的转速。当温度升高时，转速会加快。

（4）适用范围。适用范围标注了风扇适用于哪些 CPU。不同的 CPU 因为卡口和发热量的不同，需要配合不同的风扇。例如，Pentium（32bit）和 AMD（32bit）的卡口就不一样，AMD（32bit）和 AMD（64bit）的卡口也不一样。

3．CPU 风扇的选购技巧

（1）建议选购由主板供电并且电源插口有 3 个孔的风扇。廉价风扇只有两根电源线，它从电源接口取电而不像优质风扇那样从主板上取电。而优质风扇除电源线外还有一根测控风扇转速的信号线，现在的主板几乎都支持风扇转速的测控。

（2）建议选购滚珠轴承结构的风扇。现在比较好的风扇一般都采用滚珠轴承，用滚珠轴承结构的风扇转速平稳，即使长时间运行也比较可靠，噪声也小。

 区别滚珠风扇与一般风扇的方法是：一般滚珠风扇上都标有"Ball Bearing"的字样；另外，正面向滚珠风扇用力吹气时，风扇不易吹动，但一旦吹动，其转动时间就比较长。

（3）散热片的齐整程度与重量。选购风扇时还要注意散热片的齐整程度与重量，另外，卡子的弹性要适中。

（4）建议选购原装品牌的 CPU 风扇。

2.5　习题

1. 简述 CPU 的接口类型和主要性能指标。
2. CPU 的主要性能参数有哪些？
3. 高速缓存的主要作用是什么？它和内存有什么关系？
4. 如何识别 CPU 的型号及其性能参数？
5. 简要说明选择 CPU 时应注意的基本问题。

第3章

主板及其选购

计算机上的各个部件通过主板连接在一起。主板安装在主机箱内，是微型计算机最基本和最重要的部件之一，其上提供各种插槽、插座和接口，为各种硬件实现连接、统一、协调和控制作用，以维持整机的稳定性。

【学习目标】

- 了解主板的类型。
- 掌握主板的组成。
- 了解主板与其他硬件的匹配。
- 掌握主板的选购技巧。

3.1 主板的结构

主板又叫主机板（mainboard）、系统板（systemboard）或母板（motherboard），是一块矩形电路板，上面安装了组成计算机的主要电路系统，外观如图 3-1 所示。

图 3-1　主板的外观

主板的典型结构如图 3-2 所示。

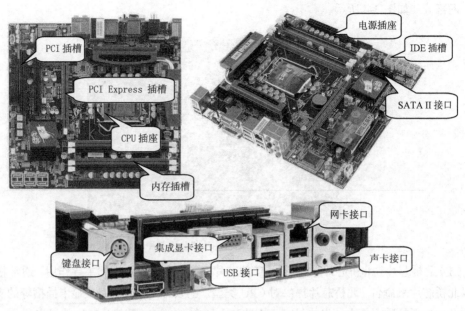

图 3-2　主板的典型结构

3.1.1　主板的基石——PCB 板

PCB 板（如图 3-3 所示）通常由 4～6 层树脂材料黏合在一起，是所有主板组件构建的基础。PCB 板内部采用铜箔走线，最上和最下的两层叫做"信号层"，中间两层则叫做"接地层"和"电源层"。PCB 板的质量高低关系到主板的寿命和工作稳定性。

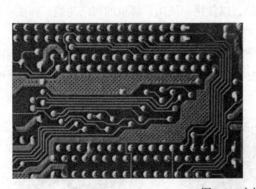

图 3-3　主板的 PCB 基板

3.1.2　主板的大脑——各种控制芯片组

主板上的核心部分是芯片组（Chipset），就像人体的中枢神经一样控制着整个主板的工作过程。控制芯片组外观上都是扁平的集成电路。主板的性能几乎就取决于芯片组的性能。

1．主控制芯片组

依据在主板上的位置和所负责的功能的不同，主控芯片组通常分为"北桥芯片"和"南桥芯片"两部分，如图3-4所示。

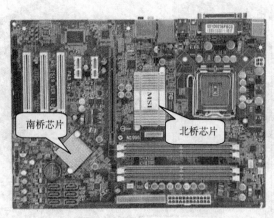

图3-4　南桥芯片和北桥芯片

（1）北桥芯片。北桥芯片是靠近 CPU 的芯片，在整个芯片组中起主导作用，通常整个芯片组都以北桥芯片来命名。北桥芯片提供对 CPU 类型、主频、内存类型以及显卡插槽等的支持。由于北桥芯片处理的数据量大，发热量高，因此其上通常都安装有散热片或散热风扇。

（2）南桥芯片。南桥芯片靠近 PCI 插槽，主要负责控制存储设备、PCI 接口设备以及鼠标和键盘等外围设备的工作以及通信。随着控制板块功能的逐渐发展，有些南桥芯片上也安装有散热片。

2．功能控制芯片组

主板上还会集成其他的功能控制芯片，例如音效芯片、网卡芯片以及磁盘阵列控制芯片（Raid）等，这些芯片分别具有特殊的控制功能。

（1）音效芯片。尽管目前很多主板南桥芯片上都集成了声卡功能，但通常不能满足一些对音效要求比较高的用户，因此会外加专门的音效芯片以提高计算机音效，如图3-5所示。

（2）网卡芯片。网卡芯片专用于实现以太网连接，以便用户使用计算机的网络功能，如图 3-6所示。

（3）磁盘阵列控制芯片。磁盘阵列技术把多个磁盘组成一个磁盘集合，通过磁盘阵列控制芯片（如图 3-7 所示）实现一系列的调度算法。对用户来说，就像在使用一个容量很大、而可靠性和速度非常高的大型磁盘一样。

图3-5　音效芯片

图3-6　网卡芯片

图3-7　磁盘阵列控制芯片

3.1.3　各种板卡的连接载体——插座和插槽

主板上最醒目的部分是各种插座或插槽。CPU、显卡、各种扩展卡（声卡、网卡和电视卡）

都必须通过插座或插槽与主板连接。

1. CPU 插座

主板和 CPU 必须搭配使用，主板的芯片组必须支持选定的 CPU。CPU 插座用于在主板上安装 CPU，主板上的 CPU 插座类型必须要与选定的 CPU 的型号对应，不同的 CPU 插座在插孔数、体积和形状方面都有区别，不能互相接入。

目前的 CPU 插座大多采用 Socket 架构，通常位于主板的右侧，上面布满了"针孔"或"触点"，侧面还有一个固定 CPU 的拉杆，根据支持的 CPU 不同，主板芯片组分为适用于 Intel 平台和 AMD 平台两种。

（1）Intel 平台插座。目前，适用于 Intel 平台的主板和其支持的 CPU 型号如下。

● LGA 775（如图 3-8 所示）：又称 Socket T。是早期 Intel Core 处理器的插座，主要支持 Core 2 Quad、Core 2 Duo 以及 Celeron 等。

● LGA 1366（如图 3-9 所示）：又称 Socket B。充分发挥 DDR3 的优势，提高了带宽，适合于 Nehalem 系列核心代号为 Bloomfield 的 Intel Core i7 处理器。

● LGA 1156（如图 3-10 所示）：又称 Socket H。功耗更低，适合于目前主流的 Nehalem 系列核心代号为 Lynnfield 的 Intel Core i3/i5/i7 处理器。

  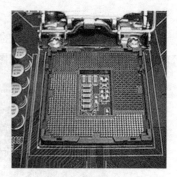

图 3-8　LGA 775　　　　　　图 3-9　LGA 1366　　　　　　图 3-10　LGA 1156

（2）AMD 平台插座。目前，适用于 AMD 平台的主板和其支持的 CPU 型号如下。

● Socket AM2（如图 3-11 所示）：支持 DDR2 内存，低端 Sempron、中端 Athlon、高端的 Athlon X2 等 AMD 桌面 CPU 都采用 Socket AM2。

● Socket AM3（如图 3-12 所示）：支持 DDR3 内存，所有 AMD 桌面级 45nm 处理器均采用了新的 Socket AM3 插座。

图 3-11　Socket AM2　　　　　　　　　　图 3-12　Socket AM3

通过观察和对比可以发现，Intel 和 AMD 的插槽在外形上有很大的区别，值得注意的是 Intel 的插槽大都加了固定装置。通常来说，同类插槽的版本越新，针脚数就越多。

2. 内存插槽

内存插槽用于安装内存，如图 3-13 所示。

图 3-13　内存插槽

内存种类的不同，主板上的内存插槽也不同。目前市场上出售的主流主板大都支持 DDR 2 或 DDR 3 内存。两种插槽分别如图 3-14 和图 3-15 所示。

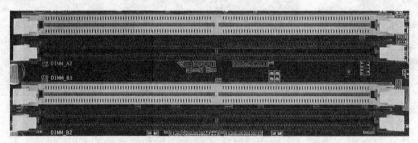

图 3-14　DDR 2 内存插槽

图 3-15　DDR 3 内存插槽

安插双内存时，还要注意内存插槽的颜色。只有当两根相同型号的内存都插入同样颜色的两个插槽时，才能发挥双通道的作用，所以在安插内存时务必要仔细小心。

3. 显卡插槽

主板上安插显卡的插槽称为显卡插槽，目前常见的显卡插槽有 AGP 和 PCI Express 两种。PCI

Express 插槽和 AGP 插槽互不兼容，即这两种类型的显卡不能混用。

（1）AGP 显卡插槽。早前的显卡采用 AGP 插槽。AGP 插槽与旁边的白色 PCI 并不处于同一水平位置，而是内进一些，如图 3-16 所示。随着显卡速度的提高，AGP 插槽已经不能满足显卡传输数据的速度，目前 AGP 显卡已经逐渐被淘汰，取代它的是 PCI Express 插槽。

（2）PCI Express 类型显卡。PCI Express 显卡比 AGP 类型显卡的数据传输速度快，并且在 PCI Express 插槽的旁边通常还会提供 1~2 个短的 PCI Express X1 插槽，用来安插 PCI Express X1 的适配卡，如无线网卡等，如图 3-17 所示。

由于 PCI Express 的优势十分明显，现在大多数主板都采用这种显卡插槽。

图 3-16　AGP 显卡插槽

图 3-17　PCI Express 显卡插槽

4. PCI 插槽

PCI 插槽是主板的主要扩展插槽，通过插接不同的扩展卡可以获得目前计算机能实现的几乎所有功能，是名副其实的"万用"扩展插槽，其颜色多为白色，位于主板上 AGP 插槽（或 PCI Express 插槽）的下方，如图 3-18 所示。

图 3-18　PCI 插槽

PCI 插槽是基于 PCI 局部总线的扩展插槽，可插接声卡、网卡、内置 ADSL Modem、USB2.0 卡、IEEE1394 卡、IDE 接口卡、RAID 卡、电视卡、视频采集卡以及其它种类繁多的扩展卡。

　　　　主板上的 PCI 插槽越多，用户可安装的扩展卡就越多。但随着主板的发展，PCI 插槽的数量反而有所减少，目前主流主板上的 PCI 插槽数量一般在 2~3 个，颜色也不再是单纯的白色，如图 3-19 所示。

5．外存插槽

外存插槽是指连接外存储设备的接口，用于连接光驱和硬盘等设备。

（1）IDE 接口。IDE 接口用来连接 IDE 硬盘或光驱的数据线。目前市场上出售的主板通常都提供两个 IDE 数据线接口，分别以 IDE1（或 PRI_IDE）和 IDE2（或 SEC_IDE）进行标注。图 3-20 所示为主板上的 IDE 数据线接口。

图 3-19　PCI 插槽

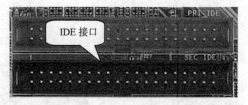

图 3-20　IDE 数据线接口

为了防止用户插错连接线插头，部分主板取消了未使用的第 20 针，形成了不对称的 39 针 IDE 接口插座，这样就可以区分连接方向。还有一些主板在插针接口的四周加上围栏，其中一边有一个小缺口，标准的连接线插头只能从一个方向插入，这样也可以避免连接错误。

（2）SATA 接口。随着硬盘技术的发展，IDE 接口硬盘的输出速度不能满足大数据量的传输，于是串行接口（SATA 接口，如图 3-21 所示）硬盘日渐流行。目前主板上都提供了多个 SATA 接口。

SATA II 是芯片巨头英特尔（Intel）与硬盘巨头希捷（Seagate）在 SATA 的基础上发展起来的，其主要特征是外部传输率从 SATA 的 150MB/s 进一步提高到了 300MB/s。如图 3-22 所示。

图 3-21　SATA 接口

图 3-22　SATAII 接口

SATA 接口与传统的 IDE 接口相比具有以下优势。

● 可以热插拔，使用十分方便。
● 易于连接，布线简单，有利于散热。
● 不受主盘和从盘设置的限制，可以连接多块硬盘。
● SATA 接口的传输速率更高。

由于 SATA 硬盘的数据线（如图 3-23 所示）比 IDE 硬盘的数据线（如图 3-24 所示）窄很多，因而串行硬盘的接口也更小巧。由于 SATA 接口的明显优势，IDE 接口也开始逐步减少，目前最新的主板上都只有一个 IDE 接口。

图 3-23　SATA 数据线

图 3-24　IDE 数据线

6. 电源插座

电源插座是主板与电源连接的接口，负责为 CPU、内存、硬盘以及各种板卡提供电能。电源插座有 20 针和 24 针两种。随着计算机的功能逐渐强大，耗电量也逐渐增加，24 针电源插座成为主流。同时，伴随着双核、四核 CPU 的出现，在主板上出现了 4 针或 8 针 CPU 电源单独供电插槽。

图 3-25 所示为上述 4 种电源插座。

（a）20 针电源插座

（b）24 针电源插座

（c）4 针电源插座

（d）8 针电源插座

图 3-25　电源插座

仔细观察会发现有些针孔是四边形的，有些针孔是六边形的，这种设计就是防插错结构，限制电源连接线只能按照一个方向插入插槽，避免连接错误，要注意的是，20 针的电源连接线同样可以插入 24 针的插槽，只要留意电源插座上的防插错装置，将电源线对准后插入即可。

3.1.4　与外设交流的通道——外设接口

主板上的外设接口用于连接鼠标、键盘、打印机、网线以及 USB 设备等，如图 3-26 所示。

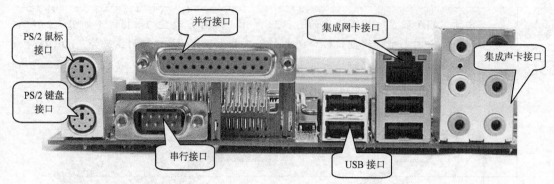

图 3-26　外设接口

（1）PS/2 接口。用于连接 PS/2 接口类型的鼠标和键盘。通常情况下，鼠标的接口为绿色，键盘的接口为紫色。

（2）并行接口。又称 LPT 接口或打印机接口，以前用来连接打印机，现在的打印机一般都使用 USB 接口，所以现在并行接口使用较少。

（3）串行接口。又称为 COM 口，用来连接串口设备，例如早期的鼠标，老式手机的数据线等。现在使用较少，以便用于专业设备，例如单片机编程设备等。

（4）USB 接口。USB 接口是目前应该最广泛的接口，不但可以连接 U 盘、移动硬盘等外部存储器，还能连接手机、数码相机、打印机或扫描仪等外部设备。主板上通常具有 4～6 个 USB 接口。

（5）网卡接口。网卡接口用于插接网线，将计算机接入 Internet。

（6）声卡接口。主板上的声卡接口主要实现声音的输入和输出，如果是双声道声卡：

● 绿色：音频输出端口，接音箱或耳机。

● 红色：音源输入端口，接麦克风或话筒。

● 蓝色：线路输入（line in），将外部声音输入计算机，如 MP3 播放器或者 CD 机。

● 如果是四声道以上，黑色：后置音箱；橙色：中置音箱；灰色：侧边环绕音箱，如图 3-27 所示。

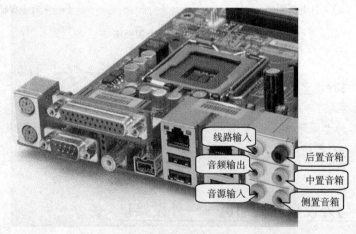

图 3-27　声卡接口

3.2　主板的板型结构

目前市场上比较通用的主板分类标准有 3 种：主板上的 CPU 插座类型、主板适用的平台和主板的板型结构。

主板是其他各种设备的连接载体，为了防止出现混乱，制定出一个协调各方的标准是非常必要的。主板的板型结构就是根据主板上各种元器件的布局、大小、形状以及使用何种电源等性能参数制定出的，且要求各主板厂商严格遵循的标准。

3.2.1　AT 板型结构

AT 结构标准由 IBM 公司制定，属于早期的板型结构。在 AT 结构的主板中，CPU 插座位于主板左下方，总线扩展槽位于 CPU 的上方，内存插槽位于主板的右上方，I/O 端口需要电源线引到机箱背后，硬盘驱动器的连接端口与它们的安装位置距离较远。

随着 PC 相关技术的发展，CPU 和相关扩展插槽位置布局的不合理性逐渐凸显，CPU 位于众多扩展插槽的后面，对于升级或者使用加长型扩展卡的时候会很不方便，甚至不能插入扩展卡，同时 AT 标准机箱内部的没有明确的散热气流通道，这样导致 CPU 的散热效果很不理想。目前，AT 结构的主板已经被淘汰。

3.2.2　ATX 板型结构

ATX 结构由 Intel 公司制定，比 AT 结构的主板更科学，布局更合理。CPU 插座位于主板右方，总线扩展槽位于 CPU 的左侧，内存插槽位于主板右下方，I/O 端口都集成在主板上。IDE 接口位于主板左下方，与所连设备靠得较近。

ATX 结构的电源插头也采用新的规格，支持 3V/5V/12V 电源，还支持软件关机、指令开机等功能，从而保证系统运行更加可靠。

ATX 结构主板如图 3-28 所示，其上有 4~6 个 PCI 插槽，目前已经逐渐被 BTX 取代。

图 3-28　ATX 结构主板

3.2.3　Micro ATX 板型结构

Micro ATX（又称 Mini ATX 或 MATX），是 ATX 结构的简化版。Micro ATX 保持了 ATX 标准主板背板上的外设接口位置，与 ATX 兼容。Micro ATX 主板把扩展插槽减少为 3～4 个，从横向减小了主板宽度，从而减小总面积，比 ATX 结构更为紧凑。

按照 Micro ATX 标准，主板上还应该集成图形和音频处理功能。目前多用于品牌机并配备小型机箱，Micro ATX 结构主板如图 3-29 所示。

图 3-29　Micro ATX 结构主板

3.2.4　BTX 板型结构

BTX 是英特尔制定的最新一代主板结构，也是 ATX 结构的取代者。BTX 结构具有性能强、体积小等优点，还改变了目前计算机机箱布置杂乱无章、接线凌乱和充满噪声的缺点。

1．BTX 板型结构的特点

BTX 具有如下特点。

- 支持窄板设计，系统结构将更加紧凑。
- 对主板的线路布局进行了优化设计，使得主板散热性能更好。
- 机械性能得到优化和升级，主板的安装更加简单。

2．BTX 板型结构的种类

BTX 具有良好的兼容性，目前根据板型宽度不同派生出来的结构有以下几种。

- 标准 BTX（325.12mm）。
- Micro BTX（264.16mm）。
- Low-profile 的 Pico BTX（203.20mm）。

标准 BTX 板型结构如图 3-30 所示，PCI Express 和串行 SATA 接口等在 BTX 板型的主板中都得到很好的支持。在新型 BTX 主板中还预装了 SRM（支持及保持模块）优化散热系统，对于以后 CPU 的发展具有促进意义。

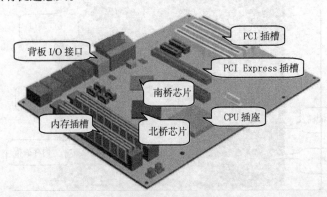

图 3-30　BTX 主板结构图

由于技术的不断突破，将来的 BTX 主板还将完全取消传统的串口、并口和 PS/2 接口，使主板结构更加紧凑、饱满。

　　AT、ATX、BTX 都是个人计算机所有配件都必须遵循的一种技术规范，对主板的约束性应该是最强的，其次是机箱、电源，其他周边设备的约束性没有这么严格。

3.3　主板的选购

主板是连接计算机中各个硬件设备的平台，无论与哪种硬件设备有冲突，都会影响计算机的整体性能，所以要求主板与其上的各种设备能"搭配默契、协同工作"。

3.3.1　主板的选购技巧

由于现在的主板品牌和型号都非常丰富，价格也千差万别，所以在选购时要综合考虑下面的这些因素，才能选购到合适的主板。

1．主板的品牌

在目前市场上，各种品牌的主板琳琅满目，其中比较知名的品牌有华硕、微星、升技、联想以及技嘉等。建议用户优先选择这些大品牌的主板，因为大品牌的厂家从产品的设计、选料筛选、工艺控制、品管测试到包装运输都要经过十分严格的把关。一块有品牌作保证的主板会为计算机的稳定运行提供很好的保障。

2．芯片组是否支持 CPU

主板芯片组是主板最重要的部件之一，全球有多家公司可以设计和生产主板芯片组，分别是 Intel、AMD、VIA、nVIDIA、ALI、SiS 以及 ATI 等。

选购主板时最重要的因素就是芯片组是否支持所购买的 CPU。芯片组的概念比较复杂，种类也比较繁多，所以不用了解其原理，只要知道哪些芯片组支持哪些 CPU 就可以了。在购买主板时一定要注意查看主板和 CPU 的说明书，检查主板芯片组是否和 CPU 的类型匹配。

3．提供哪种内存插槽

选购主板时要特别注意主板上提供的内存插槽能否满足需要。由于市面上流行的 DDR 3 和 DDR 2 插槽在外形上极为相似，如果不经过对比很难区分。所以在购买时通常要仔细阅读主板的说明书，了解该款主板支持哪种类型的内存以及是否支持双通道内存架构等。

4．显卡插槽和硬盘接口

由于 PCI Express 类型的显卡与 AGP 类型的显卡并不兼容，因而插槽不能混用。目前大多购买 SATA 接口的硬盘，要区分 SATA 和 SATAII 接口。

5．是否集成声卡、显卡和网卡

目前主板的集成度越来越高，一般都集成了声卡和网卡，甚至一些主板还集成了显卡。如果用户只是使用计算机进行普通的操作，对声卡、显卡、网卡都没有很高的要求，那么购买一款集成这些设备的主板后，就不用再单独购买这些硬件了。但对于要玩大型 3D 游戏和做图形设计的用户来说，集成显卡将不能胜任工作，所以这时需要选购一款支持独立显卡的主板。

6．做工

主板的做工关系到主板工作时的稳定性。判断主板做工的好坏可以观察元件的焊接是否精致、光滑，元件的排列是否整齐、有规律等。做工较差的主板，其元件的焊接点一般都很粗糙，元件排列也不整齐，有的甚至偏出了主板上的焊接点。其次看 CPU 底座、内存条插槽以及各种扩展插槽是否松动，能否使各配件固定牢靠等。

7．其他方面

除了以上要点外，选购主板是还应注意以下几个方面。

● 计算机的升级换代速度太快，尽量选购升级性能好的主板。例如要考虑主板支持的最大内存、支持的最高外频以及 PCI 插槽的数量等因素。

● 是否方便拆卸和安装设备，主板布局结构是否合理，是否利于安装其他配件和散热处理，主板设计是否符合未来升级安装的需要。

● 主板的电路板的层数是否为多层板（一般要大于 4 层，最好是 6 层以上），各焊点接合处是否工整简洁，走线是否简洁清晰。

● 主板所用的元件包括各种插槽接口是否采用了高质量贴片元件、镀金处理和高容量钽质电容。

● 主板是否通过相应的安全标准认证测试，如 ISO、FCC、CCEE 等，是否提供完整的主板产品包装和相关配件，如各种连接线、驱动盘、保修卡及说明书等。

3.3.2　选购案例分析

【例 3-1】已知：所购计算机用于日常办公，配套 CPU 为 AMD 速龙 II X4 640（盒），插槽类型为 Socket AM3。整机预算为 4000 元以内。

【选购方案分析】

（1）选购主板的原则。

● 选购 CPU 为 AMD 速龙 II X4 640，所选主板的芯片组需要支持 AMD 平台。

● CPU 插座类型为 Socket AM23，所选主板的 CPU 插座也应该为 Socket AM3。

● 最后还要考虑选购一块性价比比较适中的品牌主板。

（2）待选主板详细信息。通过查找相关资料，拟定以下 3 种主板供选择，待选主板详细信息如表 3-1 所示。

表 3-1　　　　　　　　　　　　　　　　待选主板详细信息

型号 参数	微星 860GM-S41	七彩虹战斧 C.H61 V21	华擎 890GMH/USB3
集成芯片	显卡/声卡/网卡	声卡/网卡	显卡/声卡/网卡
主芯片组	AMD 760G	Intel H61	AMD 890GX
CPU 插槽	Socket AM3	LGA 1155	Socket AM3
适用平台	AMD	Intel	AMD
CPU 类型	Phenom II/Athlon II/Sempron	Core i7/Core i5/Core i3	Phenom II、Athlon II
内存类型	DDR 3	DDR 3	DDR 3

续表

型号 参数	微星 860GM-S41	七彩虹战斧 C.H61 V21	华擎 890GMH/USB3
内存插槽	2×DDR3 DIMM	2×DDR3 DIMM	4×DDR3 DIMM
显卡插槽	PCI-E 2.0 X16	1×PCI-E X16 显卡插槽	1×PCI-E 2.0 X16
PCI 插槽	1×PCI 插槽	1×PCI 插槽	2×PCI 插槽
IDE 插槽	2×IDE 插槽	1×IDE 插槽	1×IDE 插槽
SATA 插槽	4×SATA II 接口	4×SATA II 接口	ATA 100、ATA 133、SATA150、SATA II
主板板型	Micro ATX 板型	Micro ATX 板型	Micro ATX 板型
电源插口	一个 4 针，一个 24 针电源接口	一个 8 针，一个 24 针电源接口	一个 4 针，一个 24 针电源接口
USB 接口	8×USB2.0 接口（4 内置+4 背板）	8×USB2.0 接口（4 内置+4 背板）	8×USB2.0 接口（4 内置+4 背板）
报价	360	399	550

【主板参数分析】

这里使用排除法进行筛选。

● 根据主板支持的 CPU 平台，排除七彩虹战斧 C.H61 V21。

● 看 CPU 插座类型，其余两款同时满足。

● 看价格，华擎 890GMH/USB3 比微星 860GM-S41 价格高 200 元。

● 看品牌，微星是一线大品牌，而华硕的低端主板都是由华擎代工的。

最后得出结论，从性价比和品牌效应上比较，建议选择微星 860GM-S41。

通过本案例分析，相信读者已经对选购主板有了比较理性的认识。其实选购主板和选购其他商品一样，都需要从商品质量和用户需求等情况出发。

3.4 习题

1. 主板的分类标准有哪些？每一种标准的特点是什么？
2. 根据板型结构的发展，简述未来主板板型的发展趋势。
3. 主板由哪三部分组成？
4. 生活中常见到的主板品牌有哪些？
5. 根据本章所学，以自己配机的实际情况确定一套购置主板的方案。

第4章

存储设备及其选购

在信息爆炸的互联网时代，用户经常需要处理海量的数据，存储设备因此显得尤为重要。内存、硬盘、光盘以及移动存储设备都属于存储设备，是计算机中存储数据的"仓库"。本章将介绍常用存储设置的基本知识及其选购技巧。

【学习目标】
- 了解内存的类型、性能参数以及选购技巧。
- 了解硬盘的类型、性能参数以及选购技巧。
- 了解光驱的类型、性能参数以及选购技巧。
- 了解移动存储设备的类型、性能参数以及选购技巧。

4.1　内存

内存是计算机中数据存储和交换的设备。在计算机的工作过程中，由于 CPU 与外部存储器之间存在较大的速度差异，因此需要通过内存来临时存储数据。

4.1.1　内存的类型

随着计算机技术日益更新并逐渐成熟，内存工艺技术的提高和市场需求的增加，很多早期的内存产品都已被淘汰，新产品已逐渐占领了市场。

1. SDRAM

SDRAM（Synchronous Dynamic Random-Access Memory，同步动态随机存储器）如图 4-1 所示，这种内存能与 CPU 同步工作，减少数据传输的延迟，提升了计算机性能和效率。SDRAM 是早期 Pentium 系列计算机中普遍使用的内存，目前已淘汰。

内存颗粒是对内存芯片的一种称呼。在计算机中，很多板卡都有一种金色的引脚，它有一个专用名字，称为金手指。SDRAM 内存条的两面都有金手指，如图 4-2 所示。

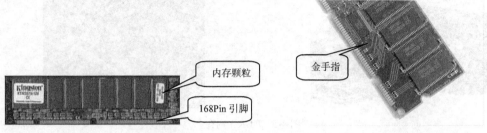

图 4-1　SDRAM 内存条　　　　　　　　　　图 4-2　金手指的外观

2. DDR SDRAM

DDR SDRAM（Double Data Rate SDRAM，双倍数据速率 SDRAM，DDR）是 SDRAM 的升级版本，具有比 SDRAM 多一倍的传输速率和内存带宽。从外形上看，SDRAM 的内存条具有 168Pin 引脚，并且有两个缺口，而 DDR SDRAM 内存采用的是 184Pin 引脚，金手指上也只有一个缺口，如图 4-3 所示。

图 4-3　DDR SDRAM 内存条

3. DDR 2

DDR 2 内存的工作原理类似于 DDR，但 DDR 每个时钟周期内只能通过总线传输两次数据，而 DDR 2 则可以传输 4 次，并且发热量更低。DDR 2 与 DDR 长度一样，但 DDR 2 内存具有 240Pin 引脚，并且 DDR 2 与 DDR 内存条上的缺口位置也不同，如图 4-4 所示。

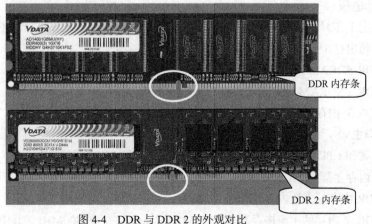

图 4-4　DDR 与 DDR 2 的外观对比

4．DDR 3

DDR3 比 DDR2 有更低的工作电压，性能更好且更省电，可达到的频率上限超过 2 000MHz。DDR3 采用 100nm 以下的生产工艺，采用点对点的拓扑架构，以减轻控制总线的负担。DDR3 内存是目前的主流产品，如图 4-5 所示。

图 4-5　DDR 3 内存

DDR4 是即将推出的最新类型内存，其工作电压降低到 1.2～1.0V，而频率提升至 2133～2667MHz。新一代的 DDR4 内存将会拥有两种规格，包括两个互不兼容的内存产品，以满足更多不同的用户需求。

4.1.2　内存的性能参数

在选购内存前，用户应该对它的参数进行了解。内存的主要性能参数如下。

1．容量

内存容量是指内存条的存储容量，是内存条的关键性参数。容量以 MB（或 GB）为单位，如 512MB、1GB 等。在用户预算的范围内，内存容量越大越有利于系统的运行。随着科技的发展和用户需求的提升，目前台式机中主流的内存容量为 2～4GB。

内存的基本单位是 Byte（字节），每个字节由 8 位二进制数组成，它们的换算公式如下：1Byte=8bit；1KB=1 024Byte；1MB=1 024KB；1GB=1 024MB；1TB=1 024GB。

2．工作电压

内存稳定工作时的电压称为工作电压，不同类型的内存，其工作电压也不同，但各自都有自己的规格，超出这个规格容易造成内存的损坏。

● DDR SDRAM 内存的工作电压一般在 2.5V 左右。

● DDR 2 SDRAM 内存的工作电压一般在 1.8V 左右。

● DDR 3 内存的工作电压一般在 1.5V 左右。

3．内存主频

内存主频和 CPU 主频一样，习惯上被用来表示内存的速度，它代表着该内存所能达到的最高工作频率。内存主频以 MHz 为单位。

● DDR 内存的主流内存频率为 333MHz 和 400MHz。

● DDR 2 内存的主流内存频率为 533MHz、667MHz 和 800MHz，其中 800MHz 的内存频

率应用最多。

● DDR 3 内存的主流内存频率为 800MHz、1066MHz、1333MHz、1600MHz、2000MHz 等。

4．存取时间

存取时间代表读取数据所延迟的时间，以 ns 为单位，与内存主频是完全不同的概念。一般情况下，内存的存取时间都标在芯片上。存取时间越短，CPU 等待的时间就越短。

5．带宽

内存的带宽也称为数据传输率，是指每秒钟访问内存的最大位数（或字节数），也就是内存这个"中转仓库"单位时间内能够运输数据的最大值。

4.1.3 内存的选购

现在市面上 DDR 内存占据了内存市场的主流地位。

1．内存的品牌

市面上内存的品牌众多，金士顿（Kingston）是全世界第一大内存提供商，其产品的特点是做工精细，兼容性非常好，质保条件宽松。金士顿内存条外观如图 4-6 所示。

其他知名内存品牌还有威刚（A-DATA），如图 4-7 所示；金邦（Geil），如图 4-8 所示；海盗船，如图 4-9 所示。

图 4-6　金士顿 DDR3 1333 4G 台式机内存

图 4-7　威刚 4G DDR3 1333

图 4-8　金邦 4GB DDR3 1600

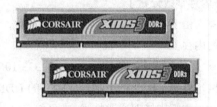

图 4-9　海盗船 4G DDR3 1333

2．选购原则

市场上的内存琳琅满目，在选购内存条时应当掌握以下原则。

（1）符合主板上的内存插槽要求。不同的主板支持不同的内存，目前主板市场上的主流品牌大都支持 DDR 3 内存，因此在购买计算机时应选购 DDR 3 内存。如果要对计算机进行升级，则应该先查明主板支持的内存类型以及所支持内存的最大容量。

（2）注意内存的做工。内存的做工影响着内存的性能。一般来说，要使内存能稳定工作，那么使用的 PCB 板层数应在 6 层以上，否则在工作时容易出现不稳定的情况。

（3）主频的选择。目前 DDR 3 内存的主流主频是 1333MHz 或 1600MHz，这种类型的内存提供了比较大的带宽，对系统性能的提升也是比较明显的。

（4）注意内存的品牌。不少小厂家将低端的内存芯片通过涂改编号或使用其他造假方法，将低档内存打磨成高档内存出售，而这些内存往往不能稳定、正常地工作，因此最好尽量到直接代理商处选购知名品牌的内存，或者在专业人员的指导下购买，并应尽量选择售后服务良好的品牌。

3．辨别内存的真伪

由于内存的制作技术水平要求不是很高，所以在市场上容易出现假冒伪劣产品，在选购内存时应注意识别。下面介绍几种常用的识别方法。

（1）短信或网站查询。现在大多数品牌的内存都提供短信真伪查询和官方网站真伪查询（如金士顿）等防伪服务，用户可通过查询来确定内存真伪。

（2）通过观察产品说明书来辨别。真品的说明书，其文字和图示清晰明朗，而伪劣产品的说明书，其文字和图示明显昏暗无光泽，并且往往不能提供官方网站的网址以及查询方法的介绍。

4．选购案例分析

【例 4-1】已知：所购计算机主要用于工作与娱乐，需运行一些平面和 3D 设计软件，以及一些大型 3D 游戏。

【选购方案分析】

已确定选购的主板为华硕 P8B75-M LE，其内存插槽参数如表 4-1 所示。

表 4-1 华硕 P8B75-M LE 内存插槽参数

内 存 类 型	DDR 3
内存插槽	2×DDR3 DIMM
最大内存容量	16GB
内存描述	支持双通道 DDR3 1600/1333/1066MHz 内存

【内存参数分析】

● 由于需运行设计软件和 3D 网游，所以应选择较大容量的内存，建议选择 4GB 或 8GB 容量的内存。

● 主板可以支持 DDR3 1600/1333/1066MHz 内存，内存频率越高，存取速度也越快，但相应价格也越贵，因此选用性价比较高的 DDR 1600 内存。

● 主板支持双通道技术，在经济条件许可的情况下，可以选用两条 4GB 的内存组成双通道，提高整体存取速度。

● 由于各厂商在同容量内存的价格上差距并不大，但大厂商的内存性能稳定性高，而且售后服务质量较好，所以应尽量选择金士顿、威刚等大厂商的内存。

最后结合市场价格确定选购一条或两条金士顿 4GB DDR3 1600 的内存。

4.2 硬盘

硬盘是计算机中重要的外部存储设备，标记为"HD"，是计算机的信息存储"仓库"，主要用于存放各种各样的数据，是长期保存数据的首选设备。其产品外形如图 4-10 所示。

图 4-10　硬盘

4.2.1　硬盘的类型

硬盘可以按照品牌、接口类型和适用平台进行分类。

1．硬盘的品牌

目前，硬盘的主流品牌有希捷（Seagate）、西部数据（WD）、三星（SAMSUNG）和日立（Hitachi）等。下面介绍主要品牌硬盘的特点。

（1）希捷（Seagate）：Seagate 是当前硬盘界研发的领头羊，2006 年收购了另一家硬盘公司迈拓（Maxtor），进一步巩固了其全球第一大硬盘厂商的地位。Seagate 公司是最早推出 SATA 接口标准的硬盘厂家，也是第一个推出单碟容量达 200GB 的硬盘厂家。产品外观如图 4-11 所示。

（2）西部数据（WD）：西部数据（Western Digital）是历史最悠久的硬盘厂商之一，也是 IDE 接口标准的创始者之一。其产品性价比高，品质和服务都有比较充分的保障。其产品标记如图 4-12 所示。

图 4-11　希捷硬盘　　　　　　　　　　　　　图 4-12　西部数据硬盘

2．硬盘的接口类型

硬盘接口是硬盘与主机系统间的连接部件，不同的硬盘接口，其连接速度也不一样。硬盘接口的优劣直接影响着程序运行的快慢和系统性能的好坏。硬盘接口分为 IDE、SATA、SCSI 和光纤通道 4 种，现在使用得较多的是 SATA 接口。

（1）IDE 接口。IDE 意为"电子集成驱动器"，是指把硬盘控制器与盘体集成在一起的硬盘驱动器。IDE 硬盘增强了数据传输的可靠性和制造的方便性，安装方便、使用简单。IDE 硬盘主要应用于个人计算机领域，也部分应用在服务器上，其接口外观如图 4-13 所示。

要点提示

　　IDE 代表着硬盘的一种接口类型，但在实际的应用中，人们习惯用 IDE 来称呼最早出现的 IDE 类型硬盘 ATA-1，虽然它已随着接口技术的发展而被淘汰了，但其后的分支发展出更多类型的硬盘接口，如 ATA、Ultra ATA、DMA 以及 Ultra DMA 等接口都属于 IDE 硬盘。

图 4-13　IDE 接口硬盘

（2）SCSI 接口。SCSI 的中文意思为"小型计算机系统接口"。IDE 接口是普通计算机的标准接口，而 SCSI 是一种广泛应用于小型计算机上的高速数据传输技术。这种接口具有应用范围广、多任务、带宽大、CPU 占用率低以及支持热插拔等优点，但较高的价格使它很难像 IDE 硬盘一样普及，因此 SCSI 硬盘主要应用于中、高端服务器和高档工作站中，其接口外观如图 4-14 所示。

（3）SATA 接口。SATA（Serial ATA）接口的硬盘又称为串口硬盘，是现在及未来计算机硬盘的发展趋势。与其他接口相比，其最大的区别在于能对传输指令（不仅仅是数据）进行检查，如果发现错误会自动校正，这在很大程度上提高了数据传输的可靠性。串行接口还具有结构简单、支持热插拔的优点，其接口外观如图 4-15 所示。

图 4-14　SCSI 接口硬盘　　　　　　　　图 4-15　SATA 接口硬盘

　　　SATA 是一种新型硬盘接口类型。首先，SATA 以连续串行的方式传送数据，一次只会传送 1 位数据，这样能减少 SATA 接口的针脚数目，使连接电缆数目变少，效率也会更高。实际上，SATA 仅用 4 支针脚就能完成所有的工作，分别用于连接电缆、连接地线、发送数据和接收数据。同时，这样的架构还能降低系统能耗，并减小系统复杂性。

3. 硬盘的适用平台

不同的计算机平台使用的硬盘也不同。目前常见的平台有台式机、笔记本电脑、服务器等。下面就对这 3 种平台上使用的硬盘进行简要的介绍。

（1）台式机硬盘。台式机硬盘是最为常见的计算机存储设备。随着用户对个人计算机性能需求的日益提高，台式机硬盘也在朝着大容量、高速度、低噪声的方向发展，单碟容量逐年提高，主流转速已达到 7 200r/min，甚至还出现了 10 000r/min 的 SATA 接口硬盘。台式机硬盘的主要生产厂商有希捷、西部数据、日立、SAMSUNG 等。

（2）笔记本硬盘。笔记本硬盘是应用于笔记本电脑的存储设备，强调的是便携性和移动性，因此必须在体积、稳定性和功耗上达到很高的要求，而且防震性能要好。笔记本硬盘和台式机硬盘在产品结构和工作原理上并没有本质的区别，但由于笔记本电脑内部空间狭小、散热不便，且电池能量有限，对硬盘的体积、功耗和坚固性等提出了很高的要求。

（3）服务器硬盘。服务器硬盘在性能上的要求远远高于台式机硬盘，这是由服务器大数据量、高负荷、高速度等要求所决定的。服务器硬盘一般采用 SCSI 接口，高端服务器还有采用光纤通道接口的。服务器硬盘主要具有以下 4 个特点。

- 速度快：服务器硬盘转速很高，7 200r/min、10 000r/min 的产品已经相当普及，甚至还有达到 15 000r/min 的硬盘。
- 可靠性高：因为服务器硬盘几乎是 24h 不停地工作，承受着巨大的工作压力。硬盘厂商都采用了各自独有的先进技术来保证数据的安全。为了避免意外的损失，服务器硬盘一般都能承受较大的冲击力。
- 可支持热插拔：热插拔（Hot Swap）是一些服务器支持的硬盘安装方式，可以在服务器不停机的情况下，拔出或插入一块硬盘，操作系统自动识别硬盘的改动。这种技术对于 24h 不间断运行的服务器来说是非常必要的。

为了提高可靠性，服务器硬盘都采用了廉价冗余磁盘阵列（RAID）技术。RAID 技术相当于把一份数据复制到其他硬盘上，如果其中一个硬盘损坏了，可以从另一个硬盘中恢复数据。

4.2.2　硬盘的性能参数

硬盘和内存的存储功能不同之处在于，在计算机断电之后，其存储的内容在一般情况下可以长期保存，所以硬盘才是计算机真正的存储部件。

1. 容量

容量是用户最关心的一个硬盘参数，更大的硬盘容量通常意味着更多的存储空间，现在市面上主要的硬盘容量有 500GB、1TB、2T 以上。随着硬盘技术继续向前发展，更大容量的硬盘还将不断推出。

购买硬盘之后，细心的用户会发现，在操作系统当中，硬盘的容量与官方标称的容量不符，都要少于标称容量，容量越大则这个差异越大。标称 500GB 的硬盘，在操作系统中显示只有 480GB。这并不是厂商或经销商以次充好欺骗消费者，而是硬盘厂商和操作系统对容量的计算方法有所不同造成的。

以 500GB 的硬盘为例。

厂商容量计算方法：500GB = 500 000MB = 500 000 000kB = 500 000 000 000bit

换算成操作系统计算方法：500 000 000 000/1024 = 488 281 250KB/1024 = 476 838.158MB≈480GB

2. 转速

硬盘内部存放数据的磁盘在主轴电机的带动下高速转动，转速的快慢决定硬盘的内部传输率。硬盘转速以每分钟多少转来表示，单位为 r/min（Revolutions Per Minute，转/分）。转速值越大，内部传输率越快，访问时间越短，硬盘的整体性能也就越好。目前，主流硬盘内磁盘的转速一般为 7 200r/min。

3．缓存

将数据写入磁盘前，数据会先从系统内存写入缓存，然后转向下一个操作指令，而硬盘则在空闲（不进行读取或写入的时候）时再将缓存中的数据写入到磁盘上。缓存容量越大，系统等待的时间越短。因此，缓存的大小对于硬盘的持续数据传输速度也有着极大的影响。目前市面上主流硬盘的缓存都已经达到 64MB。

4．外部数据传输率

外部数据传输率是指硬盘缓存和计算机系统之间的数据传输率，也就是计算机通过硬盘接口从缓存中将数据读出交给相应控制器的速率，其值与硬盘接口类型和硬盘缓冲区容量大小有关。目前主流硬盘的外部数据传输率可达 126MB/s。

5．平均寻道时间

平均寻道时间（Average Seek Time）是硬盘性能的重要参数之一，是指硬盘在接收到系统指令后，磁头从开始移动至数据所在的磁道所花费时间的平均值，在一定程度上体现了硬盘读取数据的能力，是影响硬盘内部数据传输率的重要参数，单位为毫秒（ms）。不同品牌、不同型号的硬盘，其平均寻道时间也不一样。这个时间越低，代表硬盘性能越好，现今主流的硬盘平均寻道时间读取时小于 8.5ms，写入时小于 9.5ms。

4.2.3　硬盘的选购

选购硬盘时，首先要确定主板，所选购的硬盘要符合主板上面的接口类型；其次要估算个人对计算机存储容量需求是多大，如果经济宽裕，可以购买容量比较大的硬盘；最后还应注意硬盘的质量和售后服务等因素。

1．硬盘的选购技巧

硬盘生产厂商比较多，其种类和型号更是多种多样。选购时需要考虑硬盘的接口、容量和售后服务等因素。

（1）符合主板上的接口类型。选购硬盘前应先弄清楚主板上支持的硬盘接口类型，否则购买的硬盘可能会由于主板不支持该接口而不能使用。目前个人计算机上支持的硬盘接口类型主要有 SATA 和 SATA II。

（2）容量的选择。由于目前计算机的操作系统、应用软件和各种各样的影音文件的体积越来越大，因此选购一个大容量的硬盘是必然趋势。目前市面上常见的硬盘容量从 500GB～4TB 不等，用户应根据自己信息量的多少选择适合的容量。

（3）注重售后服务。硬盘用于存储用户的重要数据，一旦出现故障，将有可能造成重大损失。而良好的售后服务可以保证在硬盘出现故障时最大限度地恢复用户的数据，减小用户的损失。目前市面上硬盘的售后服务时间一般是 3～5 年。

2．辨别硬盘的真伪

由于硬盘是技术含量很高的产品，辨别硬盘的真伪一般有以下方法。

● 硬盘外部标签上的序列号应与硬盘侧面序列号相同，如图 4-16 和图 4-17 所示。

● 硬盘外部标签上的型号应与系统的【设备管理器】窗口中【磁盘驱动器】选项中显示的型号相同，如图 4-16 和图 4-18 所示。

● 通过公司官方网站上提供的防伪查询方式对硬盘的真伪进行确认。

● 通过拨打公司的客服电话进行硬盘真伪的查询。

图 4-16　硬盘外部标签

图 4-17　侧面序列号

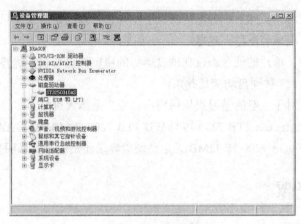

图 4-18　设备管理器

3．选购案例分析

【例 4-2】已知：所购计算机主要用于学习和娱乐。

【选购方案分析】

（1）主板信息。

已确定选购的主板为技嘉 GA-B75M-D3V(rev.1.1)，其硬盘接口参数如表 4-2 所示。

表 4-2　　　　　　　　技嘉 GA-B75M-D3V(rev.1.1)硬盘接口参数

SATA 接口	5×SATA II 接口；1×SATA III 接口

（2）待选硬盘详细信息。

通过查找相关资料，拟定以下 3 种硬盘供选择，待选硬盘详细信息如表 4-3 所示。

表 4-3　　　　　　　　　　待选硬盘详细信息

型号 参数	希捷 Barracuda 1TB 7200 转	WD 1TB 7200 转　64MB SATA3	东芝 500GB 7200 转　32MB
适用类型	台式机	台式机	台式机
硬盘容量	1000GB	1000GB	500GB
单碟容量	1000GB	1000GB	500GB

型号 参数	希捷 Barracuda 1TB 7200 转	WD 1TB 7200 转 64MB SATA3	东芝 500GB 7200 转 32MB
盘片数	1 张	1 张	1 张
接口类型	SATA3.0	SATA3.0	SATA3.0
缓存	64MB	64MB	32MB
转速	7 200r/min	7 200r/min	7 200r/min
磁头数	2	2	2
硬盘尺寸	3.5 英寸	3.5 英寸	3.5 英寸
市场价格	475 元	480 元	400 元

【硬盘参数分析】

● 首先从容量来看，虽然大小各不一样，但基本都可以满足需要，只是容量较大的硬盘价格也较高，相对来说，应该容量越大越好。

● 从盘片数来看，单片的硬盘不仅在硬盘运行的稳定性上有较大优势，而且具有轻薄、噪声小、发热量小等优点，3 种硬盘均满足此条件。

● 从缓存来看，对于一般的学习娱乐用户，应当是越大越好。

综合比较，希捷 Barracuda 1TB 7200 转与 WD 1TB 7200 转 64MB SATA3 各项指标相近，可以任选一款，而东芝 500GB 7200 转 32MB 无论是硬盘容量还是缓存上都明显不足。

4.3　光驱

随着多媒体技术的发展，软件、影视、音乐都会以光盘的形式提供，光驱在计算机中已经成为标准的配置，不过由于 U 盘的大量使用，光驱不再是计算机上唯一的读取设备。

4.3.1　光驱的类型

光驱可分为 CD-ROM、DVD-ROM、COMBO（康宝）、DVD 刻录机等类型。

1．CD-ROM

CD-ROM 是最常见的光驱类型，能读取 CD 和 VCD 格式的光盘，以及 CD-R 格式的刻录光盘，具有价格便宜、稳定性好等特点。

CD-ROM 全称为只读光盘存储器，很多软件包括 Windows 操作系统的安装盘都是以 CD-ROM 光盘作为载体的，其外观如图 4-19 所示。

2．DVD-ROM

DVD-ROM 不仅能读取 CD-ROM 所支持的光盘格式，还能读取 DVD 格式的光盘。现在市场上 DVD-ROM 已经取代了 CD-ROM 的地位。DVD-ROM 光驱的外观如图 4-20 所示。

3．刻录机

目前市场上刻录机产品的种类比较多，一般分为 CD 刻录机、COMBO、DVD 刻录机和蓝光刻录机。

图 4-19　CD-ROM

图 4-20　DVD-ROM

（1）CD 刻录机。CD 刻录机不仅是一种只读光盘驱动器，而且还能将数据刻录到 CD 刻录光盘中，具有比 CD-ROM 更强大的功能。CD 刻录机的外观如图 4-21 所示。

（2）COMBO（康宝）刻录机。COMBO 刻录机是一种特殊类型的光存储设备，它不仅能读取 CD 和 DVD 格式的光盘，还能将数据以 CD 格式刻录到光盘中。COMBO 刻录机的外观如图 4-22 所示。

图 4-21　CD 刻录机

图 4-22　COMBO 刻录机

（3）DVD 刻录机。DVD 刻录机不仅能读取 DVD 格式的光盘，还能将数据刻录到 DVD 或 CD 光盘中，是前两种光驱性能的综合。DVD 刻录机的外观如图 4-23 所示。

（4）BD（蓝光）刻录机。蓝光刻录机是新一代的光技术刻录机，具备最新 BD 技术的海量存储能力，其数据读取速度是普通 DVD 刻录机的 3 倍以上，同时支持 BD-AV 数据的捕获、编辑、制作、记录以及重放功能。目前市场上的蓝光光盘单片容量有 25GB 和 50GB 两种，同时在光盘的保存与读取方面都比传统光驱性能优异。BD 刻录机的外观如图 4-24 所示。

图 4-23　DVD 刻录机

图 4-24　BD 刻录机

4.3.2　光驱的性能参数

要选择合适的光驱，就要对它的参数进行一定的了解，根据需要进行选购。下面就来认识光驱的主要性能参数。

（1）数据读取与刻录速度。光驱的数据读取与刻录速度都是以倍速来表示的，且以单倍速为基准。对于 CD-ROM 光盘，单倍速为 150kbit/s；对于 DVD-ROM 光盘，单倍速为 1 358kbit/s。

光驱的最大读取速度为倍速与单倍速的乘积。例如，对于 52 倍速的 CD-ROM 光驱，其最大读取速度为 52×150kB/s ＝ 7 800kB/s。目前 DVD-ROM 的最大读取速度达到了 18 倍速，最大刻录速度达到了 20 倍速。

（2）平均寻道时间。平均寻道时间是指光驱的激光头从原来的位置移动到指定的数据扇区，并把该扇区上的第 1 块数据读入高速缓存所花费的时间。

（3）缓存容量。当增大缓存容量后，光驱连续读取数据的性能会有明显提高，因此缓存容量对光驱的性能影响相当大。

（4）纠错能力。由于光盘是移动存储设备，并且盘片的表面没有任何保护，因此难免会出现划伤或沾染上杂质的情况，这些都会影响数据的读取。因此，相对于读盘速度而言，光驱的纠错能力显得更加重要。

4.3.3　光驱的选购

光驱既是个人计算机中必不可少的配件，也是一款易耗的配件，因此，挑选一台合适的光驱对用户来说很重要。

1．光驱的选购技巧

光驱的选购要点包括以下内容。

（1）选择适宜的读取速度。对于不同类型的光驱，其读取与刻录的倍速也不同。一般来说是越高越好，但高速光驱也有 CPU 占用率高、噪声大、振动大、耗电量大、发热量大等缺点，因此在选购光驱时不能盲目追求高速。

（2）选择适合的类型。选购光驱前应先确定其主要用途，如果只是用于安装一些常用软件，则选择 DVD-ROM 光驱就可以胜任此工作，而且价格比较便宜；如果要用于观看高清 DVD 电影或刻录一些不大的软件，则应该选择 COMBO 光驱。

（3）注重售后服务。选购光驱时要注意厂家的服务质量，售后服务较好的厂家，一般其产品都具有比较稳定的性能。

（4）不盲目追求超强纠错能力。随着数据读取技术趋于成熟，大部分主流产品的纠错能力还是可以接受的。而一些光驱为了提高纠错能力，提高激光头的功率，这样读盘能力确实有一定的提高，但长时间超频使用会使激光头老化，严重影响光驱的寿命。

2．选购案例分析

【例 4-3】已知：所购计算机主要用于办公，常有较大容量数据资料需要刻盘保存。

【选购方案分析】

（1）选购光驱的原则。由于有较大容量的数据资料需要刻盘保存，具有大容量刻盘能力的 DVD 刻录机或 BD 刻录机才能满足要求，但因为 BD 刻录机价格昂贵，因此选购 DVD 刻录光驱。

（2）待选光驱详细信息。通过查找相关资料，拟定以下 3 种光驱供选择，待选光驱详细信息如表 4-4 所示。

表 4-4   待选光驱详细信息

参数＼型号	三星 TS-H353C	华硕 DRW-24D1ST	先锋 DVR-220CHV
光驱种类	DVD-ROM	DVD 刻录机	DVD 刻录机
安装方式	内置（台式机光驱）	内置（台式机光驱）	内置（台式机光驱）
接口类型	SATA	SATA	SATA
读取速度	DVD-R：16X DVD-RW：8X DVD-R DL：12X DVD-RAM：12X DVD+R：16X DVD+RW：8X DVD+R DL：12X CD-ROM：48X CD-RW：40X	DVD-R：16X DVD-RW：8X DVD-R DL：12X DVD-RAM：12X DVD+R：16X DVD+RW：12X DVD+R DL：12X CD-R：48X CD-RW：40X	DVD-R：16X DVD-RW：13X DVD-R DL：12X DVD-RAM：12X DVD+R：16X DVD+RW：13X DVD+R DL：12X CD-R：40X CD-RW：40X
写入速度	CD-R：48X	DVD-R：24X DVD-RW：6X DVD-R DL：8X DVD-RAM：12X DVD+R：24X DVD+RW：8X DVD+R DL：8X CD-R：48X CD-RW：32X	DVD-R：24X DVD-R DL：12X DVD-RAM：12X DVD+R：24X DVD+RW：8X DVD+R DL：12X CD-R：40X CD-RW：32X
价格	100 元	170 元	160 元

　　DVD -R 格式的数据写入后就不能再被修改；+R 与-R 在本质上没有区别，仅仅是在播放机的兼容性方面不同，-R 的兼容性要高于+R；　DL 代表该盘为双层盘，容量比单层的加倍；+RW 表示可重写光盘，可以反复擦写；DVD-RAM 实际上是一种特殊的可重写光盘，不过不用像可重写光盘那样每次都要把整张光盘都擦除后才能进行新的刻录，可以直接向光盘上写入文件，就像平时在资源管理器中对硬盘上的文件进行操作那样，所以也俗称"光硬盘"

【光驱参数分析】

　　从读取速度来看，3 个光驱差异较小，从写入速度来看，三星 TS-H353C 只有 CD-R 一种方式，功能较为单一。另外两种写入方式较多，能实现各种格式的 DVD 和 CD 的刻录，最后结合价格因素确定选择先锋 DVR-220CHV。

4.4　移动存储设备

　　随着计算机技术的发展，人们需要处理的文件体积越来越大，加上用户对移动办公的要求越来越高，这就需要一种便于携带的大容量存储产品来满足这种要求。本节将介绍两种比较流行的移动存储设备——U 盘和移动硬盘。

4.4.1 U 盘

U 盘作为新一代的移动存储设备之一，实际上就是人们过去常用的软盘的替代品。它是一个 USB 接口的无需物理驱动器的微型高容量移动存储产品，可以通过 USB 接口与计算机连接，实现即插即用的功能。

1．U 盘概述

U 盘又称"优盘"或"闪盘"，使用 USB 接口进行连接。U 盘通过 USB 接口连到计算机的主机后，就可以使用其上存储的资料了，其外形如图 4-25 所示。

图 4-25　U 盘

2．U 盘的存储原理

计算机把二进制数字信号转为复合二进制数字信号（加入分配、核对、堆栈等指令）读写到 U 盘芯片适配接口，通过芯片处理信号分配给 EPROM2 存储芯片的相应地址存储二进制数据，实现数据的存储。EPROM2 数据存储器，其控制原理是电压控制栅晶体管的电压高低值（高低电位），栅晶体管的结电容可长时间保存电压值，也就是为什么 U 盘在断电后还能保存数据的原因。

3．U 盘的使用方法

现在的大部分操作系统都可以直接将 U 盘插入 USB 接口，系统会自动识别。

现在市面上出现的 MP3、MP4 等产品，它们不仅可以存储数据，而且可以进行听音乐、看电影等娱乐活动，也越来越受到人们的欢迎，其外观如图 4-26 和图 4-27 所示。

图 4-26　时尚 MP3

图 4-27　时尚 MP4

4.4.2　移动硬盘

随着科技的发展，现在涉及计算机的行业越来越多，当然，需要交换的数据文件也逐渐增多，如有时需要把 50GB、100GB 甚至更大的数据文件进行异地传输，这时仅仅依靠 U 盘就不能满足超大文件传输的需要了，于是就出现了一个新的移动存储设备——移动硬盘。

1．移动硬盘概述

移动硬盘适用于大容量数据的存储，是强调便携性的存储产品。其具有容量大、传输速度快、使用方便以及安全性高等特性，受到广大用户的欢迎，其内部组成如图 4-28 所示。

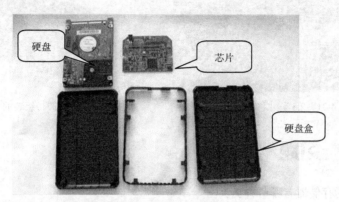

硬盘

芯片

硬盘盒

图 4-28　移动硬盘的组成

2．移动硬盘选购指南

购买移动硬盘时应该注意以下几个方面。

（1）产品容量。移动硬盘可以提供相当大的存储容量，是一种性价比较高的移动存储产品。目前市场上常见的有 250GB、500GB 或 1TB 等容量的移动硬盘，其中大容量的产品只是增加了硬盘的容量，不需要增加其他什么成本，所以价格并不因为容量的翻倍而成倍增加。

（2）产品接口。从移动硬盘上的接口来看，目前主要有 USB、SATA 两种接口，如图 4-29 和图 4-30 所示。其中 USB 接口产品是目前的主流产品。

图 4-29　USB2.0 接口移动硬盘盒

图 4-30　SATA 接口移动硬盘盒

（3）产品外观和重量。移动硬盘通常有两种规格，为 2.5 英寸和 3.5 英寸，分别对应笔记本电脑和台式计算机的硬盘。2.5 英寸硬盘的体积和重量都较小，更便于携带，但价格要比 3.5 英寸硬盘贵，如图 4-31 所示。一般推荐选择 2.5 英寸硬盘。

（4）盒装与散装。移动硬盘由硬盘和硬盘盒组成，后者包括了相应的 USB 驱动电路和接口电路、USB 转接线以及外接电源。移动硬盘包括盒装的和散装的产品，盒装的产品是成品移动硬盘，而散装的产品中硬盘盒和硬盘是分开的，需要自行组装。下面是组装好了的一个移动硬盘，其外观如图 4-32 所示。

图 4-31 2.5 英寸移动硬盘

图 4-32 组装的 SSD 固态硬盘

4.5 习题

1. 计算机的存储器有哪些种类？
2. 内存的主要性能指标是什么？
3. 如何鉴别一根内存条的真伪？
4. SATA 硬盘与 IDE 硬盘的区别在哪里？
5. 如何正确选用硬盘？

第5章

其他重要配件及其选购

除了前面介绍的 CPU、主板、内存、硬盘等配件外，计算机的重要配件还包括显卡、显示器、机箱、电源、鼠标、键盘、网卡、声卡等，这些都是计算机必不可少的部分。本章将介绍这些配件的基本知识及其选购技巧。

【学习目标】
- 了解显卡和显示器的类型、性能参数以及选购技巧。
- 了解机箱和电源的类型、性能参数以及选购技巧。
- 了解鼠标和键盘的类型、性能参数以及选购技巧。
- 了解网卡的类型、性能参数以及选购技巧。
- 了解声卡的类型、性能参数以及选购技巧。

5.1 显卡

显卡和显示器构成了计算机的显示系统。显卡是显示器与主机通信的控制电路和接口，是计算机显示系统的重要部件，显示器必须在显卡的支持下才能正常工作。

5.1.1 显卡的类型

显卡是一块独立的电路板，安装在主板的扩展槽中，其外观如图 5-1 所示。显卡的主要作用是在程序运行时根据 CPU 提供的指令和有关数据，将程序运行过程和结果进行相应的处理，转换成显示器能够分辨的文字和图形显示信号后，通过屏幕显示出来。

1. 按总线接口分类

显卡要插在主板上才能与主板互相交换数据，必须有与之相对应的总线接口。显卡通常安装在主板的 AGP 插槽或 PCI-E 插槽上，相对应的显卡接口如图 5-2 所示。

目前大多数显卡都安装在 PCI-E 插槽上。

（a）正面

（b）背面

（c）显示内存

图 5-1　显卡外观

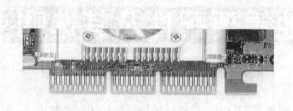
（a）AGP 接口

（b）PCI-E 接口

图 5-2　显卡接口

2．按显卡是否是集成芯片分类

按显卡是否是集成芯片可将显卡分为独立显卡和集成显卡。

（1）独立显卡。最早的显卡专门为图形加速设计，因此独立显卡的发展历史最长、种类最多。由于独立显卡拥有独立的封装芯片，其上的集成电路可以提供更多功能，性能要比集成显卡有优势。但独立显卡相比集成显卡在主板设计上要复杂一些，价格也更高。

（2）集成显卡。集成显卡是指主板芯片组中集成了显示芯片，这样的主板不需要独立显卡就可以实现普通的显示功能，以满足一般的家庭娱乐和商业应用，节省用户购买显卡的开支。

要点提示　　集成显卡一般集成在主板的北桥芯片中。集成显卡不带有显存，使用系统的一部分内存作为显存。当使用集成显卡运行需要大量占用显存的程序时会明显降低系统的性能。集成显卡的性能也比独立显卡要差。

5.1.2　显卡的基本结构和性能参数

下面将介绍显卡的基本结构、工作原理及性能参数。

1．显卡的基本结构

显卡主要由显示芯片、显示内存、VGA 接口、TV-OUT 接口、DVI 接口等组成，如图 5-3所示。

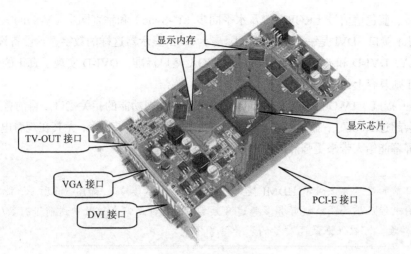

图 5-3　卸掉风扇的显卡

（1）显示芯片（GPU）。显示芯片（GPU）类似于主板的 CPU，为整个显卡提供控制功能。目前，GPU 主要由 nVidia（英伟达，见图 5-4）和 AMD（AMD 显卡即 ATI 显卡，见图 5-5）两家厂商生产。

> 显示芯片是显卡的核心，决定了显卡的档次和大部分性能，也是 2D 显卡和 3D 显卡区分的依据。2D 显示芯片在处理 3D 图像和特效时主要依赖 CPU 的处理能力，称为"软加速"。将三维图像和特效处理功能集中在显示芯片内（即"硬件加速"）就构成了 3D 显示芯片，其 3D 图形处理能力大幅度提高。

图 5-4　nVidia 显示芯片

图 5-5　ATI 显示芯片

（2）显示内存。显示内存简称为显存，其主要功能就是暂时储存显示芯片要处理的数据和处理结果。现在最新的显卡则采用了性能更为出色的 GDDR4 或 GDDR5 显存。

> 显卡达到的分辨率越高，在屏幕上显示的像素点就越多，要求显存的容量就越大，如果显存的品质和性能不过关，在保存数据时可能丢失数据，在传输指令流时也可能丢失指令，这种数据和指令丢失的直接后果是导致显示的时候出现"马赛克"现象，显示不清晰。

（3）VGA 显示接口。VGA 显示器使用一种 15 针接口，用于连接 CRT 或 LCD 显示器，VGA

接口传输红、绿、蓝色值信号（RGB）以及水平同步（H-Sync）和垂直同步（V-Sync）信号。

（4）DVI 显示接口。DVI 是一个 24 针接口，专为 LCD 显示器这样的数字显示设备设计。DVI接口分为 DVI-A、DVI-D 和 DVI-I。DVI-A 就是 VGA 接口标准，DVI-D 实现了真正的数字信号传输；而 DVI-I 则兼容上述两个接口。

（5）TV-Out 接口。TV-Out 是指显卡具备输出信号到电视功能的相关接口。目前普通家用的显示器尺寸不会超过 24 英寸，显示画面相比于电视的尺寸来说小了很多，尤其在观看电影、打游戏时，更大的屏幕能给人带来更强烈的视觉享受。

目前的显卡大多带有 HDMI 接口（高清晰多媒体接口），如图 5-6 所示，能高品质地传输未经压缩的高清视频和多声道音频数据，同时无需在信号传送前进行数/模或者模/数转换，可以保证最高质量的影音信号传送。

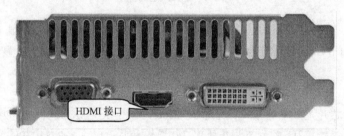

图 5-6　带有 HDMI 接口的显卡

（6）显卡风扇。显卡运算速度快，发热量大，为了散热，常在显示芯片和显示内存上用导热性能较好的硅胶粘上一个散热风扇，如图 5-7 所示。显卡上有一个 2 芯或 3 芯的插座为其供电。

图 5-7　装有风扇的显卡

2. 显卡的性能参数

衡量显卡性能的参数主要有以下几个方面。

（1）显存容量。显存是显卡上用来存储图形图像的内存。显存越大，系统的存储速度越快。目前主流的显卡显存容量可达 1024MB。

（2）最大分辨率。分辨率是指显卡在显示器上所能描绘的像素数目，分为水平行点数和垂直行点数。如果分辨率为 1024 像素×768 像素，即表示水平方向由 1024 个点组成，垂直方向由 768 个点组成。目前主流显卡的最高分辨率可达 2560 像素×1600 像素。

最高分辨率是指显卡能在显示器上描绘的点数的最大数量，通常以"横向点数×纵向点数"表示，例如 2048 像素×1536 像素，这是图形工作者最注重的性能。分辨率越大，所能显示的图像的像素点越多，就能显示更多的细节，当然也就越清晰。

（3）核心频率。显卡的核心频率是指显示芯片的工作频率，其在一定程度上可以反映出显示芯片的性能。在同样级别的芯片中，核心频率高的性能更强，但显卡的性能是由核心频率、显存以及像素填充率等多种因素决定的，核心频率高并不代表此显卡性能强劲。目前主流显卡的最高核心频率可在 4800MHz 以上。

（4）显存位宽。显存位宽是显存在一个时钟周期内所能传送数据的位数，位数越大，则瞬间所能传输的数据量越大，这是显存的重要参数之一。我们习惯上所说的 64bit 显卡、128bit 显卡和 256bit 显卡就是指其相应的显存位宽。显存位宽越高，性能越好，价格也就越高，因此 256bit 的显存更多地应用于高端显卡，而主流显卡基本都采用 128bit 显存。

5.1.3　显卡的选购

选购显卡时，应注意以下要点。

1．显卡的主流品牌

目前显卡市场上的主流品牌有技嘉（GIGABYTE）、华硕（ASUS）、七彩虹（Colorful）、艾尔莎（ELSA）、昂达（Onda）、小影霸（HASEE）等。

2．显卡的用途

不同的用户对显卡的需求不一样，用户需要根据自己的经济实力和需求情况来选择合适的显卡。下面将根据用户对显卡需求的不同，推荐合适的显卡类型。

目前的显卡主要有 nVidia 的 GeForce 系列和 AMD 的 Radeon 系列。

（1）办公应用类。这类用户不需要显卡具有强劲的图像处理能力，只需要显卡能处理简单的文本和图像即可。这样一般的显卡都能胜任，例如集成显卡等。

（2）普通用户类。这类用户平时娱乐多为上网、看电影以及玩一些小游戏，对显卡的性能有一定的要求，如果不愿意在显卡上面多投入资金，那么可以购买中等档次的显卡，这类显卡的价格比较便宜，且完全可以满足需求。

（3）游戏玩家类。这类用户对显卡的要求较高，需要显卡具有较强的 3D 处理能力和游戏性能，可以考虑选择一些性能强劲的显卡。

（4）图形设计类。这类用户对显卡的要求非常高，特别是 3D 动画制作人员，一般应选择性能顶级的显卡，选择时可以听取专业人士的建议。

3．辨别显卡的做工

在选购显卡时需要看清显卡所使用的 PCB 板层数（最好在 4 层以上）及其所采用的元件等。

4．注意显存的位宽

很多用户购买显卡时只注意显卡的价格和所用的显示芯片，却忽视了对显卡性能起决定影响的显存。显存的位宽可以通过观察显存的封装方式来计算，一般来说，BGA 封装和 QFP 封装的显存颗粒是 32bit/颗，而 TSOP 封装的显存颗粒是 16bit/颗。

5．辨别显卡的真伪

（1）电话或网站查询。如果显卡厂商提供了防伪电话或防伪网站，那么只需要按照说明拨打电话或上网查询即可。

（2）查看显卡外观。优质显卡电路板光洁，芯片字迹清晰，金手指明亮如镜，焊点均匀，电路板边缘无毛刺。

（3）查看配件。优质显卡说明书详尽，印刷清晰，驱动程序安装方便；劣质显卡说明书简易，往往就几页纸，驱动版本混乱，常常是几个不同型号的显卡驱动混装在一起，而且没有说明，安装非常不方便，甚至无法正确安装。

5.2 显示器

显示器是计算机必备的输出设备，人们用计算机工作时，面对着的就是显示器，显示器的好坏将直接影响到用户的健康。显示器产品主要有阴极射线管显示器（CRT）和液晶显示器（LCD）两种，如图 5-8 所示。目前，CRT 显示器已被淘汰。

（a）CRT 显示器   （b）LCD 显示器

图 5-8 显示器

5.2.1 LCD 显示器的特点和性能参数

LCD 显示器（Liquid Crystal Display）是一种是采用了液晶控制透光度技术来实现色彩呈现的显示器。

1．LCD 显示器的特点

与 CRT 显示器相比，LCD 显示器具有以下优势。

（1）辐射很小，更符合环保健康的理念。

（2）画面不闪烁，即使长时间观看 LCD 显示器屏幕也不会对眼睛造成很大的伤害。

（3）体积小、能耗低。一般一台 15 英寸 LCD 显示器的耗电量也就相当于 17 英寸纯平 CRT显示器的 1/3。

2．LCD 显示器的主要性能参数。

LCD 显示器主要有以下性能参数。

（1）可视角度。可视角度用于衡量 LCD 显示器的可视范围的大小，包括水平可视角度和垂直可视角度。人的视线与 LCD 显示屏的垂线成一定角度时，人眼就会感觉到屏幕上画质不清晰，颜色变暗。可视角度越大越好。目前优质的 LCD 显示器的水平可视角度可达到 160° 以上。

（2）反应时间。反应时间是指 LCD 显示器对输入信号做出响应需要的时间。早期的 LCD 显示器反应时间比较长，当切换画面时屏幕有明显的模糊感，或当拖动鼠标时感觉有拖痕，这些都是反应时间过长引起的。目前 LCD 显示器反应时间多为 8ms、6ms 和 4ms，最快有达到 1ms 的。如果要看电影或者玩游戏，建议选用反应时间在 8ms 以内的 LCD 显示器。

（3）分辨率。液晶显示器的分辨率一般是不能随便调整的，是由制造商所设置和规定的，只有工作在标称的分辨率模式下，液晶显示器才能达到最佳的显示效果，因此用户选购时，一定要根据自己的需求来挑选具有相应分辨率的液晶显示器。目前，用户购买 1024 像素×768 像素分辨率的显示器就可以满足大部分用途的显示要求。

（4）点距。液晶显示器的点距是指组成液晶显示屏的每个像素点的大小，目前的标准点距一般在 0.31mm 和 0.27mm 之间，对应的分辨率一般为 800 像素×600 像素和 1024 像素×768 像素。对于液晶显示器而言，点距越小，画质越细腻，但是无论点距大小，都不会出现画面的闪烁问题。

（5）亮度。亮度是反映显示器屏幕发光程度的重要指标，亮度越高，显示器对周围环境的抗干扰能力就越强。LCD 与传统的 CRT 显示器不同，CRT 显示器是通过提高阴极管发射电子束的能力以及提高荧光粉的发光能力来获得更高亮度的，因此 CRT 显示器的亮度越高辐射就越大，而 LCD 的亮度是通过荧光管的背光来获得，所以对人体不存在负面影响。品质较佳的 LCD 显示器画面亮度均匀，柔和不刺眼，无明显的暗区。

（6）对比度。对比度是指在规定的照明条件和观察条件下，显示器亮区与暗区的亮度之比。对比度越大，图像也就越清晰。对比度与每个液晶像素单元后面的 TFT 晶体管的控制能力有关。在这里要说明的是，对比度必须与亮度配合才能产生最好的显示效果。

（7）最大显示色彩数。最大显示色彩数就是屏幕上最多显示多少种颜色的总数。绝大多数 LCD 显示器的真彩色只有 26 万左右，与真正的 32bit 真彩色还有很大的差距。在色彩表现上，LCD 显示器仍然不如 CRT 显示器，这就是 LCD 显示器不适合用来做设计或看高清电影的原因。

5.2.2　显示器的选购

显示器是每个计算机用户必须面对的设备，它的性能高低直接影响用户的使用舒适度，因此显示器的选购不能马虎。

1. 主要参数的选择

购买液晶显示器时，重点要注意以下主要参数的选择。

（1）显示角度。在非垂直角度观看液晶显示器时，会出现显示不清晰、色彩失真、亮度变暗等现象。选购时可以站在不同的角度观察，根据画面的变化来判断显示器的可视角度。一般来说，个人使用的显示器不需要太大的可视角度，一般达到 120° 即可。

（2）响应时间。响应时间越小，则显示运动画面时就越不容易产生影像拖尾的现象。用户在选购液晶显示器时应选择响应时间小于 40ms 的显示器，这样在玩 3D 游戏和作图时，才会有赏心悦目的画面。在选购时，可以通过玩 3D 游戏或播放快节奏的影片来检验。

2. 检查坏点

在选购液晶显示器时，一定要注意检查坏点。坏点会导致显示器无法正确显示颜色，选购时应该选择坏点少的显示器。具体做法是把屏幕调成全白，仔细观察有无黑色、红色或绿色的小点，目前行业内规定每台显示器的坏点数不应大于 6 个。

3．品牌为先

显示器品牌商家一般是行业技术的领导与创新者。三星、明基、美格、AOC、优派等商家，在显示器的开发方面，一直处于行业的领先地位，其产品质量也比较可靠。

4．服务至上

商家良好的服务系统可以减少购买显示器后不必要的麻烦与不便。在服务方面，各个商家特别是品牌商家通过承诺各种服务以解决消费者的后顾之忧。大部分品牌商家均提供 1 个月免费包换，3 年免费保修这样的服务。

5.3　机箱和电源

在购买计算机时，电源的价格仅占很小的比例，却关系着整台机器的运行质量和寿命。而机箱则为各种板卡提供支架，几乎所有重要的配件都安装在机箱中。一个好的机箱不仅可以承受外界的损害，而且可以防止电磁干扰，从而保护用户的身体健康。

5.3.1　机箱

机箱作为计算机配件中的一部分，用来放置和固定各计算机配件。

1．机箱的功能

机箱的功能主要体现在以下几个方面。

（1）固定和保护计算机配件，将零散的计算机配件组装成一个有机的整体。

（2）具有防尘和散热的功能。

（3）屏蔽计算机内部元器件产生的电磁波辐射，防止对室内其他电器设备的干扰，并保护用户的身体健康。

2．机箱的种类

机箱主要根据以下两个原则进行分类。

（1）从外形上分。从外形上讲，机箱有立式和卧式之分，如图 5-9 所示。早期的计算机机箱都为卧式，现在的机箱大多为立式，这主要是因为立式机箱比卧式机箱有着更好的扩展能力和散热性。

（a）卧式机箱　　　　　　　　　　　　（b）立式机箱

图 5-9　卧式和立式机箱

（2）从结构上分。从结构上分，机箱又能分为 AT 和 ATX 两大类。早期的机箱大都是 AT 机箱，AT 式机箱匹配 AT 电源和 AT 主板，现在已经淘汰。ATX 机箱是随着 ATX 结构主板出现的。ATX 结构主板后面集成了 I/O 口，除键盘接口外，还有串行口和并行口，这就要求机箱后挡板有各种 I/O 口的插孔。

AT 结构主板上仅有一个键盘接口，因此机箱后挡板上只有键盘插孔，这是 AT 和 ATX 机箱最主要的区别。有一些机箱就可以互换机箱后挡板，实现 AT 与 ATX 的转换。ATX 机箱匹配 ATX 结构主板和 ATX 结构电源。

3．机箱的选购

选购机箱时需要注意以下几个方面的问题。

（1）机箱是否符合 EMI-B 标准，即防电磁辐射干扰能力是否达标。

（2）机箱是否符合电磁传导干扰标准，因为电磁的干扰不但会对电子设备造成不良影响，也会给人体健康带来危害。

（3）机箱是否有足够的扩展空间，其中包括硬板位和光驱位，同时要观察硬盘与光驱的安装接口是什么方式的。

（4）机箱做工是否精细，各接触面板之间的固定方式是什么，常见的有传统的螺栓固定、活扣固定和滑槽固定等。

（5）是否在每个接触面板都采用了包边工艺，与主板相连的底板是否有防变形冲压工艺。

（6）机箱是否具备良好的散热性，即机箱内空气是否对流。

（7）购买机箱时最好选择知名品牌，虽然价格较一般品牌要高些，但是产品质量能得到保证。

5.3.2 电源

电源提供计算机中所有部件所需要的电能。电源功率的大小、电流和电压是否稳定，将直接影响计算机的工作性能和使用寿命。

1．电源的分类

电源跟机箱一样，也分 AT 电源（见图 5-10）和 ATX 电源（见图 5-11）两类，早期的机箱都使用 AT 电源。随着 AT 机箱的淘汰，AT 电源也被淘汰。ATX 电源是目前与 ATX 主板相匹配的电源。

图 5-10　AT 电源

图 5-11　ATX 电源

2．电源的选购

如今计算机的配件越来越多，并且配件的功耗也是越来越大，如 CPU、显卡、光驱等都是耗电大户。另外，主板上还插着各种各样的扩展卡，如电视卡、网卡、声卡、USB 扩展卡等，这么多的设备如果没有一个优质电源提供保障，是难以正常运行的。

选购电源时需要注意以下几个方面的问题。

（1）要注意电源的做工和用料。好的电源拿在手里感觉厚重有分量，散热片够大且比较厚，而且好的散热片一般用铝或铜为材料。其次再看电源线是否够粗，粗的电源线输出电流损耗小，输出电流的质量可以得到保证。

（2）要注意电源是否通过了安全认证。电源的安全认证包括 3C、UL、CSA、CE 等，而国内比较著名的是 CCEE（中国电工认证）。

（3）要注意电源所带的电源接口。根据主板的需求选择 20 针或 24 针电源，同时还要注意电源提供了多少设备电源头。一般常见为一个主供电源头（20 或 24 针接口）、一个 4 芯 CPU 电源头、一个光驱电源头、一个 SATA 电源头和传统的 4 芯电源头（IDE 硬盘电源）。

（4）普通用户不一定要追求高功率的电源。

5.4 鼠标和键盘

鼠标和键盘是计算机最重要的外围输入设备，也是用户使用计算机的主要工具。键盘和鼠标质量的好坏会影响操作者的健康，所以应引起高度重视。

5.4.1 鼠标

鼠标最早应用于苹果计算机中，随着 Windows 操作系统的流行，鼠标变成了必需品。

1．鼠标的类型

鼠标的分类方法很多，通常按照键数、接口类型和内部构造进行分类。

（1）按键数分类。根据键数可分为三键鼠标和新型的多键鼠标，如图 5-12 所示。三键鼠标是 IBM 公司在两键鼠标的基础上进一步定义而成的，使用中键在某些特殊程序中往往能起到事半功倍的作用。现在市面上主流的都是三键鼠标。

（2）按接口类型分类。鼠标按接口类型可分为 PS/2 鼠标和 USB 鼠标 2 种。PS/2 鼠标通过一个 6 针微型接口与计算机相连，与键盘的接口相似，使用时要注意区分；USB 鼠标通过 USB 接口与计算机相连，应用最为广泛。各种鼠标接口的鼠标如图 5-13 所示。

图 5-12　三键鼠标和多键鼠标

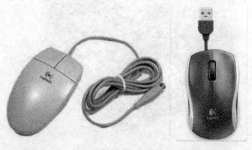

图 5-13　串行鼠标、PS/2 鼠标、USB 鼠标

要点
提示
　　　　如果要将 USB 鼠标插入 PS/2 鼠标接口中，或将 PS/2 鼠标插入 UCB 接口中，可以使用相应的接口转接器，如图 5-14 所示。

　　（3）按内部构造分类。按内部构造可以将鼠标分为光电式、光学式、无线鼠标等类型。

　　① 光电鼠标。光电鼠标外形如图 5-15 所示。工作时检测鼠标器的位移，并将位移信号转换为电脉冲信号，利用光电鼠标内部的一块专用图像分析芯片（DSP，即数字微处理器）对移动轨迹上摄取的一系列图像进行分析处理来实现光标的定位。

图 5-14　鼠标接口转换器

　　② 激光鼠标。激光鼠标其实也是光电鼠标，只不过是用激光代替了普通的 LED 光。与普通光电鼠标相比，激光鼠标对桌面的适应力更强，无论在浅色的桌面还是表面粗糙的桌面，甚至在瓷砖、衣服、手掌和玻璃上都能很好地工作。此外，激光鼠标的分辨率、灵敏度和精确度也远高于普通光电鼠标。激光鼠标的外观如图 5-16 所示。

图 5-15　光电鼠标　　　　　　　　　　　　　　　　　图 5-16　激光鼠标

　　③ 无线鼠标。无线鼠标是指没有鼠标线，直接连接到主机的鼠标，省去了线缆的束缚，可以在较远距离内操作，如图 5-17 所示。无线鼠标一般采用 27M、2.4G、蓝牙技术实现与主机的无线通信。但是无线鼠标需要通过电池来供电，并且接收装置要占用一个 USB 接口。

图 5-17　无线鼠标及其内部结构

游戏鼠标是为了应对游戏的需要，在鼠标上加入了很多按键的鼠标。一般除了左右键和滚轮外，在鼠标的左右两侧也分别设有多个功能键，其功能都可以由用户定义。游戏鼠标比普通鼠标设计更合理，使用更舒适，价格也更贵。游戏鼠标外观如图 5-18 所示。

2. 鼠标的选购

鼠标是用户与计算机重要的交互手段之一，因此选购一款价廉物美的鼠标是必要的。

（1）鼠标的手感。鼠标的手感包括握在手中的舒适程度、移动方便与否、鼠标表面材质舒适与否，以及长时间使用是否会造成手或手臂疲劳或不适。

图 5-18 游戏鼠标

（2）分辨率。分辨率是指鼠标内的解码装置所能辨认的每英寸长度单位内的点数，分辨率越高鼠标光标在显示器的屏幕上移动定位越准。用户一般应选择分辨率在 250～350 像素的鼠标。

（3）灵敏度。鼠标的灵敏度是影响鼠标性能的一个非常重要的因素，用户在选择时要特别注意鼠标的移动是否灵活自如、行程小、用力均匀等，以及能否在各个方向都做匀速运动，按键是否灵敏且回弹快。

（4）抗震性。鼠标的抗震性主要取决于鼠标外壳的材料和内部元件的质量。用户在购买时要选择外壳材料结实、内部元件质量好的鼠标。

5.4.2 键盘

键盘是最常用的也是最主要的输入设备之一。通过键盘，用户可以将英文字母、数字、标点符号等输入到计算机中，从而向计算机发出命令、输入数据等。

1. 键盘的类型

键盘的分类方式多种多样，通常按照键盘接口和结构特点进行分类。

（1）按照接口类型分类。连接键盘的 PS/2 接口颜色为紫色，这种接口已经普及了很多年，市场上多数键盘都采用这种接口，如图 5-19 所示。

USB 接口是一种即插即用的接口类型，并且支持热插拔，现在市场上有部分键盘采用 USB 接口，如图 5-20 所示。

图 5-19 PS/2 接口

图 5-20 USB 接口

（2）按照结构特点分类。由于人们对键盘的需求越来越多，各种各样的键盘也应运而生，如具有夜光显示的键盘、无线键盘以及兼顾多媒体功能的键盘。

● 如图 5-21 所示的夜光显示键盘表面的字符上有荧光或夜光层，能在黑暗环境中使用。

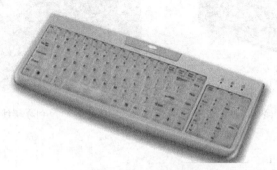

图 5-21　夜光显示键盘

● 如图 5-22 所示的多媒体键盘上增加了特殊的功能按钮，可用于调节音量、启动 IE 浏览器、打开电子邮箱和运行播放软件等操作。

● 如图 5-23 所示的无线键盘同无线鼠标一样省去了线缆，能在 5m 左右范围内进行操作。

图 5-22　多媒体键盘　　　　　　　　　　　　　　图 5-23　无线键盘

2．键盘的选购

由于用户要经常通过键盘进行大量的数据输入，所以一定要挑选一个击键手感和质量较佳的键盘。

（1）外观要协调。一款好的键盘能使用户从视觉上感觉很顺眼，而且整个键盘按键布局合理，按键上的符号很清晰，面板颜色也很清爽。

（2）按键的弹性要好。由于要经常用手敲击键盘，所以舒适的手感非常重要，具体就是指键盘的每个键的弹性要好，因此在选购前应该多敲击键盘，以确定其手感的好坏。

（3）键盘的做工要好。键盘的做工是选购中主要考察的方面，要注意观察键盘的质感，边缘有无毛刺、异常突起、粗糙不平，颜色是否均匀，键盘按钮是否整齐，是否有松动；键帽印刷是否清晰，好的键盘采用激光蚀刻键帽文字，这样的键盘文字清晰且不容易褪色。

（4）注意键盘的背面。观察键盘的背面是否标有生产厂商的名字，以及质量检验合格标签等。用户应根据主板接口的类型来购买配套的键盘。

3．套装产品

键鼠套装的风格统一，颜色搭配科学，价格也比较便宜，深受用户的喜爱。但没有分开购买选择的空间大，搭配的随意性也小，其外观如图 5-24 所示。

（a）有线套装　　　　　　　　　　　　　　　（b）无线套装

图 5-24　键鼠套装

5.5　网卡

当一个环境中拥有多台计算机时，为了方便不同计算机上的资料共享和传输，需要组建局域网。在组建局域网时，网卡是最常用的部件，为主机与网络间数据的交换提供通路。网卡的外形如图 5-25 所示。

1. 网卡的类型

网卡可以根据性能、需求的不同进行分类，下面介绍 3 种常见的分类方法。

图 5-25　网卡

（1）按总线接口类型分类。按总线接口类型的不同，可将网卡分为 PCI 总线网卡、PCI-X 总线网卡、PCMCIA 总线网卡以及 USB 总线网卡。PCI 总线网卡是目前台式机的主流网卡。

（2）按网络接口类型分类。按网络接口类型的不同，可将网卡分为 RJ-45 接口网卡、BNC 接口网卡、AUI 接口网卡、FDDI 接口网卡以及 ATM 接口网卡。其接口形状如图 5-26 所示。目前台式机的主流网络接口 RJ-45 接口网卡，即采用双绞线和水晶头进行连接。

  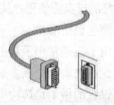 

图 5-26　RJ-45 接口、BNC 接口、AUI 接口、FDDI 接口

（3）按带宽分类。目前主流的网卡主要如下。

● 10Mbit/s 以太网卡：老的 EISA 网卡、或者带 BNC 口与 RJ-45 口的网卡。

● 100Mbit/s 以太网卡：传输速率固定为 100Mbit/s 的网卡。

● 10/100Mbit/s 自适应网卡：自适应是指网卡可以与远端网络设备(集线器或交换机)自动协商，确定当前的可用速率是 10Mbit/s 还是 100Mbit/s。

● 1000Mbit/s 千兆以太网卡：多用于服务器与交换机之间的连接，以提高整体系统的响应速率。

（4）按网卡应用领域分类。如果根据网卡所应用的计算机类型的不同，可以将网卡分为应用于工作站的网卡和应用于服务器的网卡。

（5）按照有无连接线分类。按照有无连接线分为有线网卡和无线网卡，有线网卡使用双绞线接入网卡接口进行通信。无线网卡（见图 5-27）是无线局域网中通过无线连接网络的无线终端设备。如果场所附近有无线路由器或者无线网络信号覆盖，即可通过无线网卡接入网络。

图 5-27　无线网卡

2. 网卡的选购

网卡的选购要注意以下几点。

（1）网卡速度。网卡的首要性能参数就是它的速度，也就是它所能提供的带宽，单位是 Mbit/s（兆位每秒），通常网卡速度越高越好。

（2）是否支持全双工。半双工是指两台计算机之间不能同时向对方发送信息，只有当其中一台计算机传送完信息之后，另一台计算机才能传送信息，而全双工指双方可以同时进行信息数据的传送。在购买时当然要选择全双工的网卡。

（3）对多操作系统的支持。网卡驱动程序应该适用于 Windows XP、Windows 7、苹果、UNIX以及 Linux 等多种操作系统。

　　远程唤醒就是在一台计算机上通过网络启动另一台已经处于关机状态的计算机。虽然处于关机状态，计算机内置的可管理网卡仍然始终处于监控状态，不断收集网络唤醒数据包，一旦接收到该数据包，网卡就激活计算机电源使系统启动。这种功能特别适合机房管理人员使用。支持远程唤醒的网卡上有根电缆与主板上标有 WOL（远程唤醒）的插座相连。

5.6　声卡

声卡（Sound Card）是多媒体个人计算机 MPC（Multimedia Personal Computer）系统中不可缺少的一部分，其外形如图 5-28 所示。

1. 声卡的类型

声卡发展至今，主要分为板卡式、集成式和外置式 3 种类型。3 种类型的声卡各有优缺点，以适应不同用户的需求。

（1）板卡式。板卡式产品是现在市场上的主流产品，涵盖低、中、高各档次，售价从几十元至上千元不等。早期的板卡式产品多为 ISA 接口，由于此接口总线带宽较低、功能单一、占用系统资源过多，目前已被淘汰。现在的板卡式产品多为 PCI 接口（即 PCI 声卡），拥有更好的性能及兼容性，支持即插即用，安装使用都很方便，如图 5-28 所示。

图 5-28　声卡

（2）集成式。集成式声卡（见图 5-29）集成在主板上，不占用 PCI 接口、成本低廉、兼容性更好，能够满足普通用户的绝大多数音频需求。集成声卡的技术也在不断进步，PCI 声卡具有的多声道、低 CPU 占有率等优势也相继出现在集成声卡上。

（3）外置式。外置式声卡是创新公司独家推出的一个新兴事物，如图 5-30 所示。通过 USB 接口与计算机连接，具有使用方便、便于移动等优势。但这类产品主要应用于特殊环境，如连接笔记本电脑，以实现更好的音质等。

图 5-29　集成式声卡

图 5-30　外置式声卡

在 3 种类型的声卡中，集成式声卡价格低廉，技术日趋成熟，占据了较大的市场份额。随着技术进步，这类产品在中低端市场还拥有非常大的前景；PCI 声卡将继续成为中高端声卡领域的中坚力量，毕竟独立板卡在设计布线等方面具有优势，更适于音质的发挥；而外置式声卡的优势与成本对于家用计算机来说并不明显，仍是一个填补空缺的边缘产品。

2. 声卡的选购

声卡的选购要注意以下几点。

（1）按需购买。在选购声卡时，不要盲目追求高档的产品。如果对音效没有特别的要求，可以不必购买高档的产品。对音效要求十分严格的音乐爱好者，可以购买高档产品，高档产品的声音效果出色，并且适合于 VCD、DVD 回放以及 MIDI、CD、MP3 等音频文件的播放。

（2）做工。观察焊点是否圆润光滑无毛刺，输入输出接口是否镀金等。

（3）声卡兼容性。声卡与其他配件发生冲突的现象较为常见，所以一定要在选购之前了解自己机器的配置及其是否存在已公布的兼容问题，如有问题，应在商品包换期内尽快找商家寻求更换。

5.7　习题

1. 显卡和显示器属于什么设备？
2. 选购 LCD 显示器应注意哪些问题？
3. 鼠标按照工作原理的不同可以分为哪几类？
4. 声卡的选购应该注意哪些方面？
5. 显卡的选购应该注意哪些方面？

第6章

常用外围设备及其选购

计算机作为一种多功能的电子设备，其外围设备产品相当丰富，不管是在多媒体视听应用方面，还是在图形图像的输入输出方面，都可以为不同的用户提供多种选择。本章将介绍常用计算机外围设备的基本知识及其选购技巧。

【学习目标】

- 了解音箱的性能参数和选购技巧。
- 了解打印机的类型、性能参数以及选购技巧。
- 了解扫描仪的类型、性能参数以及选购技巧。
- 了解摄像头的性能参数和选购技巧。
- 了解投影机的性能参数和选购技巧。

6.1 音箱

音箱作为多媒体应用的一种重要的输出设备，其性能的好坏直接决定了多媒体声音的播出效果和听觉感受。

6.1.1 音箱的性能参数

音箱性能的好坏是由其各项参数共同决定的，所以在选购音箱之前，首先应了解其各项性能参数的真实含义。图 6-1 所示为常见音箱的性能参数表。

1．功率

功率决定音箱所能发出的最大声音强度，它主要有两种标注方式：额定功率和峰值功率。

- 额定功率：指在额定频率范围内给扬声器一个规定了波形的持续模拟信号，扬声器能够长时间正常工作的最大功率值。

图 6-1 音箱的性能参数表

● 峰值功率：指在扬声器不发生损坏的条件下瞬间能达到的最大功率值。

2．失真度

指声音的电信号转换为声波信号过程中的失真程度，用百分数表示，越小越好。一般允许的范围是 10%以内，建议最好选购失真度在 5%以下的音箱。

3．信噪比

指音箱回放的正常声音信号与无信号时噪声信号的比值，用分贝（dB）表示。信噪比数值越高，噪声越小。一般音箱的信噪比不能低于 80dB，低音炮的信噪比不能低于 70dB。

4．频响范围

频响范围是频率范围和频率响应的全称。这两个概念有时并不区分，就叫做频响。

● 频率范围：指音响系统能够回放的最低有效频率与最高有效频率之间的范围，单位是赫兹（Hz）。

● 频率响应：指音箱产生的声压和相位与频率的相关联系变化，单位是分贝（dB）。它是考察音箱性能优劣的一个重要指标，决定音箱的性能和价位，其分贝值越小，说明音箱的频响曲线越平坦、失真越小、性能越高。

5．阻抗

输入阻抗指输入信号的电压与电流的比值，高于 16Ω的是高阻抗，低于 8Ω的是低阻抗。阻抗太高或太低都不好，一般选购标准阻抗为 8Ω的音箱。

6.1.2 音箱的分类

音箱通常可以按照以下几种标准进行分类。

1．按使用场合分

按使用场合可分为专业音箱与家用音箱。

（1）专业音箱。专业音箱的灵敏度高、声压高、功率大。这类音箱一般用于歌舞厅、卡拉 OK 厅、影剧院、会堂和体育场馆等专业文娱场所，如图 6-2 所示。

（2）家用音箱。家用音箱一般用于家庭放音，其特点是放音音质细腻柔和，外型较为精致、美观，放音声压不太高，功率相对较小。这类音箱如图 6-3 所示。

图 6-2　专业音箱

图 6-3　家用音箱

2．按有源和无源分

按有源和无源可分为有源音箱和无源音箱。

（1）有源音箱。有源音箱由于内置了功放电路，使用者不必考虑与放大器匹配的问题，同时也便于用较低电平的音频信号直接驱动。有源音箱通常标注了内置放大器的输出功率、输入阻抗和输入信号电平等参数，如图 6-4 所示。

图 6-4　有源音箱

图 6-5　无源音箱

（2）无源音箱。无源音箱即我们通常采用的内部不带功放电路的普通音箱。无源音箱虽不带放大器，但常常带有分频网络和阻抗补偿电路等。无源音箱一般标注阻抗、功率及频率范围等参数。目前流行的无源音箱如图 6-5 所示。

3．按音箱的数量分

按音箱的数量可分为 2.0 音箱（见图 6-6）、2.1 音箱（见图 6-7）、4.1 音箱（见图 6-8）、5.1 音箱（见图 6-9）和 7.1 音箱（见图 6-10）。

图 6-6　2.0 音箱

图 6-7　2.1 音箱

图 6-8　4.1 音箱

图 6-9　5.1 音箱

图 6-10　7.1 音箱

X.1 结构的音箱通过多个环绕音箱（也叫卫星箱）来提供更为准确和丰富的声场定位，数字 X 代表环绕音箱的个数：2 是双声道立体声，一般用 R 代表右声道，L 代表左声道；4 是四点定位的四声道环绕，用 FR 代表前置右声道，FL 代表前置左声道，RR 代表后置右声道，RL 代表后置左声道；5 是在四声道的基础上增加了中置声道，用 C 表示；而其中 ".1" 声道，则是一个专门设计的超低音声道，也就是我们平常所说的低音炮。

6.1.3　音箱的选购

音箱的品牌相当多，而不同音质和材质的音箱，其价格相差也很大，所以在选购音箱时应根据实际需要选择适合自己的音箱。

1．音箱的外壳

购买音箱时，时尚好看的外观是用户选择的重要参考因素。音箱的外壳不外乎有木质和塑料两种材料，由于强度差别和共振效果，木质外壳明显好于塑料的，但售价也略高。木质音箱外观如图 6-11 和图 6-12 所示。由于各厂家对成本的考虑以及技术与加工水平方面的不同，同样是木质音箱，也会有很大的差别。

图 6-11　木质音箱 1

图 6-12　木质音箱 2

在选购木质音箱时，应尽量选择体积较大、重量较重的。另外，可以查看音箱表面是否光滑平整，箱体表面接缝是否严密。用力敲击箱体，若发出的声音铿锵有力，说明材质质量较好，若发出的声音空洞，则说明材质密度不大，厚度不够，内部吸声效果不好。

选购音箱时不应只关注木质音箱，塑料音箱不仅在价格上有较大优势，而且外观时尚漂亮，若厂家技术水平较好，音质方面也不会输于木质音箱，其外观如图 6-13 所示。

2．注重实际效果

对于音箱的功率，通常商家为了迎合消费者的心理，会将功率标得很大，所以在选购时要以额定功率为准。此外，音箱的功率与电源变压器有很大的关系，通常功率越大，变压器也越大，所以音箱也越重。

对于音箱的失真度、信噪比和频响范围等，应通过现场试音来验证，通过播放不同类型的音乐和调节不同的音量大小以及使用不同品牌和档次的音箱来进行对比感受。

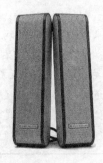

图 6-13 具有漂亮外观的塑料音箱

3．考虑空间大小

空间的大小对音箱回放声音的音质也有较大的影响，应根据居室空间的大小选购功率适宜的音箱，对于普通 $20m^2$ 左右的房间，音箱具有 60W 功率（即有效输出功率为 30W×2）就已经足够。

另外，在音箱的体积方面，还应考虑计算机桌面空间的大小以及携带是否方便，对于笔记本电脑用户而言，可选购时尚小巧的便携式音箱，如图 6-14 所示。

图 6-14 具有时尚外观的便携式音箱

6.2 打印机

打印机是将计算机中的文字或图像打印到相关介质上的一种输出设备，在办公、财务等领域应用广泛。

6.2.1 打印机的类型

从打印原理来看，市面上常见的打印机有喷墨打印机、激光打印机和针式打印机。

1．喷墨打印机

喷墨打印机按工作原理又可分为固体喷墨和液体喷墨两种类型，而常见的是液体喷墨打印机。喷墨打印机通过喷嘴将墨水喷到打印纸上，实现文字或图形的输出。图 6-15 和图 6-16 所示为常见的喷墨打印机。

在彩色打印方面，喷墨打印机可以使用多种颜色的墨水，可以应用到专业彩色图形图像输出的工作环境。图 6-17 所示为常用彩色喷墨打印机的供墨系统。

图 6-15 惠普彩色喷墨打印机

图 6-16　爱普生彩色喷墨打印机

图 6-17　彩色喷墨打印机的供墨系统

　　喷墨打印机具有购机成本较低、体积较小、打印颜色丰富等特点，但打印使用的墨水等耗材比较昂贵，特别是对于一些专业打印机所用的耗材。另外，喷墨打印机的打印速度较慢，还应经常保持使用状态，并定期对其进行维护和保养，以防止墨水凝固堵塞喷嘴。

2. 激光打印机

　　激光打印机的主要部件为装有碳粉的感光鼓和定影组件两部分。打印时，感光鼓接收激光束，产生电子以吸引碳粉，然后印在打印纸上，再传输到定影主件加热成型。

　　激光打印机也可分为黑白激光打印机和彩色激光打印机两种类型。图 6-18 和图 6-19 所示为常见的激光打印机。在彩色打印方面，虽然激光打印机的色彩没有喷墨打印机丰富，但打印成本较低，而且随着技术水平的提高，彩色激光打印机的打印效果也越来越接近真彩。

图 6-18　HP 黑白激光打印机

　　激光打印机不管是在黑白打印还是在彩色打印方面，都具有打印成本低、打印速度快、打印精度高、对纸张无特殊要求以及低噪声等特点。

3. 针式打印机

　　针式打印机也称为点阵式打印机，是一种机械打印机，其工作方式是利用打印头内的点阵撞针撞击色带和纸张以产生打印效果。图 6-20 所示为常见的针式打印机。

图 6-19　三星彩色激光打印机

图 6-20　联想 DP600+针式打印机

　　针式打印机具有结构简单、价格适中、形式多样和适用面广等特点，主要应用于打印工程图、电路图等工程领域，以及需要同时打印多份票据、报表的场合。

以上3种打印机的优缺点对比如表6-1所示。

表6-1　　　　　　　　　　　　　　3种打印机的优缺点

打印机类型	优　点	缺　点
喷墨式打印机	支持彩色打印，打印速度介于针式打印机和激光打印机之间，并且购机价格较低，颜色丰富	耗材较贵、必须定期维护
激光打印机	打印时噪声小、速度快。可以打印高质量的文字及图形，可以打印大量数据，且打印成本低廉	不适用于阴冷潮湿的环境
针式打印机	可以使用多种纸型，牢固耐用，耗材价格较低	分辨率较低且打印速度慢，不适合打印大量文件以及打印质量要求较高的场合

　　照片打印机如图6-21所示，是一种可以打印数码照片的打印设备，其中增加了液晶显示和读卡器数码控制线路，用户可以不通过计算机直接在打印机上打印存储卡甚至数码相机上的照片。墨滴体积的大小是照片打印机的关键技术指标，直接影响着最终的打印品质。

图6-21　照片打印机

6.2.2　打印机的性能参数

对于不同类型的打印机，标注的性能参数也有所不同，其共有的性能参数主要有打印速度、分辨率和内存。

（1）打印速度。对于喷墨打印机和激光打印机，打印速度是指打印机每分钟打印输出的纸张页数，单位用p/min（Pages Per Minute）表示。

对于针式打印机，打印速度通常指单位时间内能够打印的字数或行数，用"字/秒"或"行/分"标识。

（2）分辨率。分辨率又称为输出分辨率，是指在打印输出时横向和纵向两个方向上每英寸最多能够打印的点数，通常以"点/英寸"（dot per inch，dpi）表示。打印分辨率是衡量打印机打印质量的重要指标，它决定打印机打印图像时所能表现的精细程度和输出质量。

（3）内存。打印机中的内存用于存储要打印的数据，其大小是决定打印速度的重要指标，特别是在处理数据量大的文档时，更能体现内存的作用。目前主流打印机的内存主要为8～16MB，高档打印机有32MB或更高。

6.2.3　打印机的选购

打印机的品牌很多，而各品牌的产品又有不同类型和性能。在选购打印机时，可以参考以下原则。

1．选择知名品牌的产品

知名品牌的打印机质量有保证，售后服务一般较好，通常保修时间为 1 年，而且耗材也比较容易购买。目前市场上知名的打印机品牌主要有联想、惠普、三星、爱普生、松下、富士通、佳能等。

2．根据用途选择打印机类型

根据应用场合选择不同类型的打印机。如果需要打印票据等，应选用针式打印机；如果需要快速打印数量较多的内容，则应选用激光打印机；如果是在家庭使用，打印数量有限，一般购买比较便宜的喷墨打印机即可。

> 根据是否需要打印彩色图像选择黑白或彩色打印机，一般彩色打印机在机器价格和耗材价格上都比黑白打印机贵，所以在选购时应仔细考虑。

3．选择性能适宜的产品

对于同种类型但性能不同的打印机，价格上会有较大差别，在选购时不应盲目追求高性能，而应根据打印需要选择性能适宜的产品。如在分辨率方面，对于文本而言，600 像素的分辨率就已经达到相当出色的打印质量；而对于照片而言，更高的分辨率可以打印更加丰富的色彩层次和更平滑的中间色调过渡，所以通常需要打印机具有 1200 像素以上的分辨率。

6.3　扫描仪

对于现有的图书或图像资料，若想将其缩小体积保存或发送到另一处，最方便快捷的方法就是使用扫描仪对其进行扫描，并以图片的形式保存到计算机中或按需要使用网络进行发送。

6.3.1　扫描仪的类型

根据扫描原理的不同，可以将扫描仪分为很多类型，一般常用的扫描仪类型有平板式扫描仪、便携式扫描仪和滚筒式扫描仪。

1．平板式扫描仪

平板式扫描仪在扫描时由配套软件控制扫描过程，具有扫描速度快、精度高等优点，广泛应用于平面设计、广告制作、办公应用和文学出版等众多领域，其外观如图 6-22 所示。

2．便携式扫描仪

便携式扫描仪具有体积小、重量轻、携带方便等优点，在商务领域中应用较多，其外观如图 6-23 所示。

（a）中晶平板扫描仪

（b）惠普平板扫描仪

图 6-22　平板式扫描仪

（a）方正便携式扫描仪

（b）中晶便携式扫描仪

图 6-23　便携式扫描仪

3. 馈纸式扫描仪

馈纸式扫描仪又称为滚动式扫描仪或小滚筒式扫描仪，如图 6-24 所示。其分辨率高，能快速处理大面积的图像，输出的图像色彩还原逼真、放大效果优秀、阴影区域细节丰富。

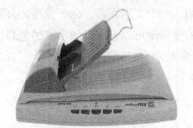

（a）紫光馈纸式扫描仪

（b）中晶馈纸式扫描仪

图 6-24　馈纸式扫描仪

4. 高拍仪

高拍仪传输速度高，能提供高质量扫描，最大扫描尺寸可达 A3 幅面，高拍仪采用便携可折叠式结构设计，既能放置于办公室用，也能随身携带便于移动办公，如图 6-25 所示。

（a）紫光高拍仪

（b）吉星高拍仪

图 6-25　高拍仪

底片扫描仪主要用于扫描各种透明胶片（底片），如图 6-26 所示；条形码是一种信息代码，用特殊的图形来表示数字、字母信息和某些符号，条码扫描仪实际上是一种条形码自动识别系统，用来识别条形码，如图 6-27 所示。

图 6-26　底片扫描仪

图 6-27　条形码扫描仪

6.3.2　扫描仪的性能参数

扫描仪通常都具有以下几个主要的性能参数。

1．分辨率

扫描仪的分辨率又分为光学分辨率和最大分辨率，在实际购买时应以光学分辨率为准，最大分辨率只在光学分辨率相同时作为一种参考。

光学分辨率是指扫描仪物理器件所具有的真实分辨率，用横向分辨率与纵向分辨率两个数字相乘表示，如 600 像素 × 1200 像素。

2．色彩位数

扫描仪的色彩位数（以位 "bit" 为单位）是指扫描仪对图像进行采样的数据位数，也就是扫描仪所能辨析的色彩范围。扫描仪的色彩位数越高，扫描所得的图像色彩与实物的真实色彩越接近。目前市场上扫描仪的色彩位数主要有 30bit、42bit 和 48bit 等。

3．扫描范围

指扫描仪最大的扫描尺寸范围，它由扫描仪的内部机构设计和外部物理尺寸决定，通常可分为 A4、A4 加长、A3、A1 和 A0 等。一般平板扫描仪的扫描范围为 A4 纸大小。

6.3.3　扫描仪的选购

扫描仪种类很多，对于不同性能的扫描仪，其价格相差也很大。在选购扫描仪时可参考以下原则。

1．选择知名品牌的产品

知名品牌的扫描仪产品，在质量和售后服务上都比较有保障。当前知名的扫描仪品牌主要有清华紫光、方正科技、中晶、爱普生、佳能、尼康、惠普和明基等。

2．根据实际需要选购

如果是家庭使用，仅扫描一些文档或照片等，则选购分辨率为 600 像素 × 1200 像素，色彩位数为 32bit 的扫描仪即可满足需要。

如果是广告以及图形图像处理等专业用途，则应当选购分辨率为 1200 像素×2400 像素，色彩位数为 48bit 及以上的扫描仪。

如果为了方便在出差时使用，则可选购便携式扫描仪。

3．根据扫描图像的大小选购

对于一般的个人用户，选择 A4 纸大小的平板扫描仪或便携扫描仪就足以满足需要；而对于需要扫描大幅面图像的商业用户，则应选用滚筒式扫描仪。

6.4 摄像头

摄像头是一种数字视频的输入设备，在现今的数字化时代，其应用已相当普遍，常用于视频聊天、网络会议和远程监控等。图 6-28 和图 6-29 所示为两种常见的摄像头。

图 6-28　极速摄像头

图 6-29　蓝色妖姬摄像头

6.4.1 摄像头的性能参数

一台摄像头质量的优劣，一般由以下几项性能参数决定。

（1）最高分辨率。摄像头的最高分辨率是指摄像头解析图像的最大能力，即摄像头的最高像素，是摄像头的主要性能指标之一。像素越高，摄像头捕捉到的图像信息越多，图像分辨率就越高，相应的屏幕图像也就越清晰。如 30 万像素的摄像头，其最高分辨率一般为 640 像素×480 像素，500 万像素摄像头的最高分辨率可达 1280 像素×720 像素。

目前市场上常见摄像头的像素从 30 万到 500 万不等。

（2）色彩位数。数码摄像头的色彩位数又称彩色深度，该参数反映了摄像头能正确记录色调的多少，其值越高，越能更真实地还原亮部及暗部的细节特征。如常见摄像头的色彩位数为 24bit，说明其能表示 2^{24} 种颜色。

（3）最大帧数。帧数是指在 1s 内传输图片的张数，可理解为图像在 1s 内的刷新次数，通常用 f/s（Frames Per Second）表示。帧数越大，图像越流畅。通常摄像头能达到的帧数为 30fps。

（4）传输接口。传输接口决定了是否能够得到清晰流畅的图像，特别是对于像素数较高的摄像头。市场上绝大多数摄像头都是 USB 接口，早期的 USB 1.1 接口可提供 12Mbit/s 的数据传输率，现在基本已被淘汰，而 USB 2.0 接口则可以提供 480Mbit/s 的数据传输率。

（5）图像调节能力。质量好的摄像头通常具有调焦和自动补偿曝光能力，能够保证在不同距离以及不同光照环境下得到清晰的图像。

6.4.2　摄像头的选购

摄像头产品的种类繁多，在选购时应根据需要选购适合的产品，并应注意以下几点。

（1）不要盲目追求 CCD。现在摄像头中的图像传感器主要有 CCD（Charge Coupled Device）和 CMOS（Complementary Metal Oxide Semiconductor）两种。虽然 CCD 具有技术先进、成像清晰等特点，但目前的摄像头无论是使用 CCD 图像传感器还是 CMOS 图像传感器，在最终的屏幕显示效果上不会有太大的差异，而且 CCD 的摄像头往往在价格上会比同档次的 CMOS 摄像头贵。所以在选购时一般应现场测试其成像效果，然后根据需要选择合适的摄像头产品。

（2）认清实际分辨率。有些摄像头的实际分辨率只有 200 万像素，而通过软件增值后可达到 800 万像素，在选购时应对这两个参数进行正确的区分。

（3）注意分辨率和帧数的匹配。有些摄像头虽然最大分辨率较大，但在最大分辨率状态下其帧数会较小，在选购时应注意辨别，特别是对于需要进行视频会议的场合，应选用分辨率较高同时帧数也较高的摄像头。

（4）附加考虑软件。通常情况下，摄像头生产商都会在驱动光盘中附送一些软件，在购买摄像头的时候，也要注意附送软件的情况。如果附带的软件能够充分发挥摄像头的应用范围，那么即使价格稍贵一些也是值得的。

（5）外形。对于其外形主要考虑其大小和安放位置，如对于笔记本电脑用户，可选用能夹在显示屏上的摄像头，其外观如图 6-30 和图 6-31 所示。

图 6-30　可夹持摄像头 1　　　　　　　　　　　　图 6-31　可夹持摄像头 2

6.5　投影机

继等离子和液晶电视之后，在商业与教育行业应用最为广泛的投影机也逐渐受到普通用户的关注。常见投影机的外观如图 6-32 和图 6-33 所示。

图 6-32　明基投影机　　　　　　　　　　　　图 6-33　索尼投影机

6.5.1 投影机的特点和应用

投影机采用液晶投影技术，其亮度、对比度、分辨率都与高清电视相差无几，而且具备无辐射的优点。与高端电视产品相比，投影机具有画面大、亮度好、可兼容多种视频信号、播放尺寸不受限制和质量小等特点。

投影机能连接有线电视或普通电视，直接接收多达100套电视节目。还可以接收 DVD、VCD、LD 等设备的视频信号和计算机的数字信号。当与音响组合成多媒体家庭影院时，其视听效果可以与真正的影院媲美，其应用如图 6-34 所示。

图 6-34　投影机的应用

6.5.2 投影机的性能参数

投影机的性能参数较多，在选购投影机之前应正确认识这些参数的含义，才能正确区别出投影机的档次，并有针对性地选择适合的投影机产品。

（1）画面尺寸。指投出的画面大小，主要有最小图像尺寸和最大图像尺寸，一般用对角线的尺寸表示，单位是英寸。最小画面尺寸和最大画面尺寸是由镜头的焦距决定的，在这两个尺寸之间投射的画面可以清晰聚焦，如果超出这个范围，则会出现画面不清晰和投影效果差等情况。

（2）输出分辨率。指投影机投出的图像的分辨率，可分为物理分辨率和压缩分辨率。物理分辨率决定图像的清晰程度，而压缩分辨率则决定投影机的适用范围。

物理分辨率越高，则可接收分辨率的范围也越大，投影机的适应范围也就越广。目前市场上应用最多的为 SVGA（分辨率为 800 像素×600 像素）和 XGA（分辨率为 1 024 像素×768 像素），其中 XGA 的产品目前是主流产品。

（3）水平扫描频率。电子束在屏幕上从左至右的运动称为水平扫描，每秒钟扫描次数就叫水平扫描频率。水平扫描频率是区分投影机档次的重要指标。

视频投影机的水平扫描频率是固定的，为 15.625kHz（PAL 制）或 15.725kHz（NTSC 制）。频率范围在 15～60kHz 的投影机通常叫做数据投影机，上限频率超过 60kHz 的通常叫做图形投影机。

（4）垂直扫描频率。电子束在水平扫描的同时，又从上向下运动，这一过程叫垂直扫描。每扫描一次形成一幅图像，每秒钟扫描的次数叫做垂直扫描频率，也叫刷新频率，其量的单位符号用 Hz 表示。频率越高，图像越稳定，并且一般不能低于 50Hz，否则图像会有闪烁感。

（5）亮度。亮度，准确提法为光通量，是投影机的一个重要的性能参数，使用单位 lm（流明）表示。投影机的亮度表现受环境影响很大，同时画面尺寸越大，亮度就越低。目前市场上 LCD 投影机的亮度都在 3 200lm 左右。

（6）对比度。对比度反映投影机所投影出的画面最亮与最暗区域之比，其对视觉效果的影响仅次于亮度参数。一般来说，对比度越大，图像越清晰醒目，色彩也越鲜明艳丽。

（7）灯泡寿命。投影机的灯泡是耗材，一般能正常使用 3 年以上。灯泡的种类主要有金属卤素灯泡、UHE 灯泡和 UHP 高能灯。

● 金属卤素灯泡：价格便宜但半衰期短，一般使用 2000h 左右亮度会降低到原来的一半左右。

● UHE 灯泡（一种超高压汞灯）：价格适中且发热量低，在使用 2000h 后亮度几乎不衰减，是目前中档投影机中广泛采用的理想光源。

● UHP 高能灯（一种超高压汞灯）：发热较少且使用寿命长，可达上万小时，并且亮度衰减很小，但价格昂贵，一般应用于高档投影机上。

6.5.3　投影机的选购

投影机产品一般价格昂贵，在选购之前应对其性能参数和产品质量进行详细的了解，从而减少资金的浪费，并避免达不到理想的投影效果。

1．了解投影机的使用方式

在选择购买投影机之前，首先应熟悉投影机的使用方式。在选购前应根据使用环境确定购买机器的类型，避免造成以后使用的不便。

由于摆放位置的限制，投射的影像可能变成梯形，因此，购买的投影机最好应具备梯形矫正功能，该功能一般通过数码影像变形技术，将投射的影像变回正方形。

　　投影机在使用时分为台面正向投射、天花板吊顶正向投射、台面背面投射、吊顶背面投射和背投一体箱式等类型。正向投射是指投影机与观看者处于同一侧；背面投射是指投影机与观看者分别在屏幕两端，这时需要使用背投屏幕，如果空间较小，可选择背面反射镜折射的方法。如果需要固定安装使用，可选择吊顶方式，但必须注意防尘和散热。

2．亮度与对比度要适中

高亮度可以使投影机投射图像清晰亮丽，不过亮度越高，价格也越贵。而且高亮度的投影机在家庭房间等小环境中使用时会很刺眼，容易造成眼睛疲劳，长期观看会影响用户健康。因此根据客厅具体面积的不同，选购的家用投影机亮度一般控制在 500～1 000lm。太高或太低都不太适合在光线较暗的环境中使用。

对比度和亮度是综合考虑的两个因素，如果亮度在 500～1000lm，对比度应该在 400：1 左右即可。

3．选择分辨率合适的投影机

分辨率越高，投影机的图像就越清晰，价格也越高。虽然 SVGA 的效果已经能满足家庭的需要，但从目前主流产品看，分辨率为 XGA 标准的投影机的显示效果更清晰、亮丽。

4．注意投射距离

对于家庭用户来说，居住的面积十分有限，而安装的投影机到屏幕之间的距离并不大，因此对于空间狭窄的家居环境而言，投射距离成为选购投影机的重要条件之一，用户应对比不同的投影机在相同的投射对角尺寸下的投射距离，而不能只注意规格表上的最短投射距离。

5．耗材及售后服务

对于投影机而言，灯泡作为唯一的耗材，其寿命直接关系到投影机的使用成本，所以在购买时一定要问清灯泡寿命和更换成本。不同类型的灯泡价格相差较大，在选购时应根据实际情况选择合适的投影机。

 另外需要注意的是，不同品牌的投影机使用的灯泡一般不能互换使用，因此购买投影机时应选择购买知名品牌的投影机，这样可以享受商家的售后服务。

6.6　习题

1. 音箱有哪些性能参数？各参数的含义是什么？
2. 打印机有哪几种类型？各类型的优缺点是什么？
3. 扫描仪的性能参数主要有哪些？
4. 摄像头有哪些性能参数？在选购时应注意哪些方面？
5. 投影机有哪些性能参数？在选购时应注意哪些方面？

第7章

选购其他计算机产品

随着计算机技术的不断发展，计算机产品的种类也越来越丰富，笔记本电脑、一体机以及平板电脑逐渐走入更多的家庭，为人们的日常生活提供了更大的便利。本章将介绍这些产品的特点、用途以及选购要领。

【学习目标】

- 掌握笔记本电脑的选购要领。
- 掌握平板电脑的选购要领。
- 掌握一体机的选购要领。

7.1 选购笔记本电脑

笔记本电脑是一种小型、可携带的个人计算机，其发展趋势是体积越来越小，重量越来越轻，而功能却越发强大，与台式机相比的主要区别在于其携带方便。笔记本电脑同样有 CPU、内存、硬盘、显示器和键盘等典型部件，但其结构更紧凑，如图 7-1 所示。

图 7-1 典型笔记本电脑

7.1.1 笔记本电脑的分类

一般来说，便携性是笔记本相对于台式机最大的优势，一般的笔记本电脑的重量只有 2kg 左右，无论是外出工作还是旅游，都可以随身携带，非常方便。

1. 按照用途分

从用途上看，笔记本电脑一般可以分为以下 4 类。

（1）商务型：这类计算机一般用于商务办公，其典型特征为便于携带、移动性强；电池续航时间长，便于长时间工作。

（2）时尚型：外观特异，也有适合商务使用的时尚型笔记本电脑。

（3）多媒体应用型：结合强大的图形及多媒体处理能力又兼有一定的移动性的综合体，市面上常见的多媒体笔记本电脑拥有独立的较为先进的显卡，较大的屏幕等特征。

（4）特殊用途：服务于专业人士，可以在酷暑、严寒、低气压以及战争等恶劣环境下使用的机型，多数较笨重。

2. 按照尺寸分

笔记本屏幕大小也是划分计算机类别的主要依据。

（1）15 英寸以上：性能高，视觉效果好，便携性不佳。

（2）14 英寸：目前最主流的尺寸，机型选择多。

（3）13 英寸：性能与便携完美平衡的尺寸。

（4）12 英寸以下：便携性突出，机型选择较少。

7.1.2 笔记本电脑的结构

1. 外壳

笔记本电脑的外壳不仅具有美化外观的作用，还能保护内部器件。一般硬件供应商所标示的外壳材料是指笔记本电脑的上表面材料，托手部分及底部一般习惯使用工程塑料。

（1）工程塑料：工程塑料外观亮丽、性价比突出，但是质量较重、导热性能不佳。因其成本低而应用广泛，目前多数的塑料外壳笔记本电脑都是采用 ABS 工程塑料制成，如图 7-2 所示。

（2）镁铝合金：银白色的镁铝合金外壳可使产品看起来更豪华和美观，而且易于上色，可以通过表面处理工艺变成个性化的粉蓝色和粉红色，为笔记本电脑增色不少，如图 7-3 所示。但是这类外壳坚固性和耐磨性较差，且成本较高。

图 7-2　工程塑料外壳

图 7-3　镁铝合金外壳

（3）碳纤维复合材料：碳纤维复合材料的韧性和散热效果都很好。与其他外壳相比，使用时间相同时，碳纤维机种的外壳摸起来最不烫手。但是碳纤维复合材料的成本较高，成型较困难，因此碳纤维外壳的形状一般都比较简单，缺乏变化，并且着色也比较难，如图 7-4 所示。

（4）钛合金：钛合金是常用的航天材料，其各项性能指标均非常优秀，唯一缺点是成本高。这种外壳仅仅用在高端产品中，如图 7-5 所示。

图 7-4　碳纤维复合材料外壳

图 7-5　钛合金外壳

2. 显示屏

笔记本显示屏主要分为 LCD 和 LED 两种类型。LCD 是液晶显示屏的全称，主要有 TFT、UFB、TFD 和 STN 等几种类型，其中最常用的是 TFT。

LCD 和 LED 是两种不同的显示技术，LCD 是由液态晶体组成的显示屏，而 LED 则是由发光二极管组成的显示屏。LED 显示器和 LCD 显示器相比，LED 在亮度、功耗、可视角度和刷新速率等方面，都更具优势。

显示屏的尺寸是指屏幕对角线长度，如图 7-6 所示。目前产品主要尺寸有以下几种。

- 11 英寸以下：11.1、11.6。
- 12 英寸：12.1。
- 13 英寸：13、13.1、13.3。
- 14 英寸：14、14.1。
- 15 英寸：15.5、15.6。
- 17 英寸以上：17、17.3、18.4。

图 7-6　显示屏尺寸

3. CPU

笔记本电脑的 CPU 也主要有 Intel 和 AMD 两大品牌。

（1）Intel 产品：Intel 产品目前占据个人计算机市场的大部分份额，Intel 生产的 CPU 制定了 x86CPU 技术的基本规范和标准。目前典型的笔记本电脑 CPU 如图 7-7～图 7-11 所示。

图 7-7　Core i　　　图 7-8　Core 2　　　图 7-9　奔腾双核　　　图 7-10　赛扬双核　　　图 7-11　凌动

（2）AMD 产品：除了 Intel 产品外，最新的 AMD 速龙 Ⅱ X2 和羿龙 Ⅱ 具有很好性价比，尤其采用了 3DNOW+技术并支持 SSE4.0 指令集，使其在 3D 上有很好的表现。目前典型的笔记本电脑 CPU 如图 7-12～图 7-16 所示。

图 7-12　羿龙 2 　　　图 7-13　羿龙 　　　图 7-14　速龙双核 　　　图 7-15　闪龙 　　　图 7-16　炫龙

【知识拓展】——笔记本电脑 CPU 的性能指标

笔记本电脑 CPU 的主要性能指标如下。

● CPU 架构：就是 CPU 核心的设计方案。而个人计算机上的 CPU 架构，其实都是基于 X86 架构设计的，称为 X86 下的微架构，常常被简称为 CPU 架构。

● 制造工艺：是指生产 CPU 的技术水平，改进制作工艺，就是通过缩短 CPU 内部电路与电路之间的距离，使同一面积的芯片上可实现更多功能或更强性能。制作工艺以纳米（nm）为单位，目前 CPU 主流的制作工艺是 45nm 和 32nm。

● 位宽（32 位与 64 位 CPU）：更大的 CPU 位宽能一次处理更大范围的数据运算和支持更大容量的内存。一般情况下 32 位 CPU 只支持 4GB 以内的内存，有了 64 位 CPU 后，也就有了 64 位操作系统与软件。

● 主频、外频和倍频：主频是 CPU 运算时的工作频率，在单核时代是决定 CPU 性能的最重要指标。由于 CPU 发展速度远远超出内存、硬盘等配件的速度，因此出现了外频和倍频的概念，其关系是：主频=外频×倍频。

● 核心数、线程数：目前主流 CPU 有双核、三核、四核和六核等。增加核心数目也就增加了线程数，二者通常情况下是 1∶1 对应关系，也就是说四核 CPU 一般拥有四个线程。在 Intel 引入超线程技术后，使核心数与线程数形成 1∶2 的关系。

● 多媒体指令集：MMX、3DNOW!和 SSE 均是 CPU 的多媒体扩展指令集，在软件的支持下对 CPU 的运算有加速作用，如果使用软件对 CPU 的多媒体指令集进一步优化，CPU 的运算速度将会进一步提升。

4．硬盘

笔记本电脑硬盘是通用部件，其尺寸通常为 2.5 英寸，比台式机硬盘要小，二者对比如图 7-17 所示。其标准厚度早期产品先后使用 17.5mm 和 12.5mm 两个规格，目前大多使用 9.5mm 超轻超薄机型设计。

笔记本硬盘的转速主要有 5 400r/min 和 7 200r/min 两种，后者逐渐成为主流。其容量有 320G、500G 以及 1T 等规格。

笔记本电脑硬盘的接口类型只要有以下 3 种。

● 使用针脚直接和主板上的插座连接。

● 使用硬盘线与主板相连。

● 使用转接口和主板上的插座连接。

5．内存

笔记本电脑内存主要有 DDR（333 /400）、DDR2（533/667/800）和 DDR3（1066/1333/1600）等类型，目前 DDR3 1066 或 DDR3 1333 为主流配置。内存容量有 512M、1G、2G 和 4G 等不同规格。其外形如图 7-18 所示。

图 7-17　笔记本硬盘和台式机硬盘对比

图 7-18　笔记本内存

6．电池

锂电池是当前笔记本电脑的标准配置电池，如图 7-19 所示，具有重量轻、寿命长、可以随时充电，过度充电的情况下也不会过热等优点。锂电池的充电次数在 950～1 200 次。

目前笔记本电池主要分为 3 芯、4 芯、6 芯、8 芯、9 芯和 12 芯等。芯数越大，续航时间越长，价格也越高，一般 4 芯电池可以续航 2h；6 芯则为 3h。

图 7-19　笔记本电脑电池

7．声卡

大部分笔记本电脑带有声卡或者在主板上集成了声音处理芯片，并且配备小型内置音箱。但笔记本电脑的狭小内部空间通常不足以容纳顶级音质的声卡或高品质音箱。游戏发烧友和音响爱好者可以利用外部音频控制器（使用 USB 连接到笔记本电脑）来弥补笔记本电脑在声音品质上的不足。

8．显卡 GPU

笔记本显卡也主要分为集成显卡和独立显卡两大类。集成显卡具有功耗低、发热量小、性价比高等优点，部分集成显卡的性能已经可以媲美入门级的独立显卡。而独立显卡显示性能更好，但是系统功耗大，发热量大，且需额外花费购买显卡的资金。

笔记本集成显卡主要有英特尔（Intel）、A 卡（ATi 显卡）和 N 卡（nVidia 显卡）；独立显卡主要分为：A 卡（ATi 显卡）及 N 卡（nVidia 显卡）。

要点提示　*ATI 公司产品主流型号有 ATI HD4330、ATI HD4550、ATI HD5450、ATI HD5470、ATI HD5650 和 ATI HD5730 等；nVidia 公司产品主流型号主要有 Geforce G210M、Geforce G310M、Geforce GT330M 和 Geforce GTX 425M。其中"GS"、"GT"代表性能指标，性能由高到低排序为：GTX>GT>GE>GS>GSO。*

9．定位设备

笔记本电脑一般会在机身上搭载一套定位设备（相当于台式计算机的鼠标）。早期一般使用轨迹球（见图 7-20）作为定位设备，现在主要使用触控板（见图 7-21）与指点杆（见图 7-22）。

图 7-20　轨迹球

图 7-21　触控板

图 7-22　指点杆

10. 散热底座

笔记本电脑在性能和便携性对抗中，散热成为最重要的因素，散热一直是笔记本核心技术中的瓶颈。笔记本电脑莫名奇妙地的死机一般就是系统温度过高导致。为了解决这个问题，人们设计了散热底座，如图 7-23 所示，好的底座可以延长笔记本电脑的使用寿命。

图 7-23　散热底座

11. 品牌

目前通常将笔记本电脑品牌划分为以下 3 个类别。

（1）国际品牌。主要是美国和日本的品牌，包括 IBM、东芝（TOSHIBA）、DELL、康柏（COMPAQ）、惠普（HP）等。其品牌产品品质较为优秀，市场份额相当高，当然价格也最贵。

（2）中国台湾地区品牌。主要包括宏基（Acer）、华硕（ASUS）、伦飞、联宝等。这类笔记本技术成熟，价格相对便宜，购买的人也非常多。

（3）中国品牌。主要有联想、方正、紫光等。由于价格便宜、维修方便，越来越受到用户的喜爱。

7.1.3　笔记本电脑的选购

市场上笔记本电脑的配置、性能、价格都参差不齐，消费者在选购时往往无从下手，如何选择一款适合自己的笔记本电脑，困扰着很多想买笔记本电脑的朋友。

1. 选购原则

在挑选笔记本前，需要明确两件事：需求（要做什么）和预算（有多少钱）。二者相互关联又相互制约。

（1）从实际需求出发。选购笔记本电脑时，首先应从实际需求出发，明确以下选购要点。

● 在购买之前首先要明确自己的使用范围。

● 自己购买笔记本电脑到底是用来干什么。

- 做这类工作到底需要什么样的产品。
- 除满足办公需要外，是不是还想拥有其他一些特殊的功能。
- 做好自己的预算。

（2）性能优先。笔记本电脑的性能直接影响使用者的工作效率，也影响到笔记本电脑价格。针对不同用户群，产品可分为以下几种。

- 低端产品：一般遵循"够用就行"的原则，其配置可以满足用户最基本的移动办公的需要，例如进行文字处理、上网浏览网页等。
- 中端产品：可以较好地满足大部分用户更多的需要，例如日常办公、学习、娱乐等。
- 中高端产品：作为中端产品的升级，一般在配置上都会有一些特色和亮点，例如突出影音娱乐方面，可以玩大部分的游戏等。
- 高端产品：采用的配置都是目前最好的，其性能甚至高于一般的台式机，能胜任复杂的图像处理以及运行 3D 游戏等任务。

（3）扩展性好。笔记本电脑不像台式机那样具有良好的扩展性，所以在购买时要充分考虑各类接口的类型、个数以及功能模块。不能只着眼于当前，应适当考虑将来的扩展性。

（4）便携性与质量兼顾。便携性和质量是一对矛盾，在选购时应兼顾这两个方面的要求。

- 轻重要适度：移动性是笔记本电脑最大的特点，所以重量也是选购笔记本电脑时考虑的一个重要因素。
- 外观要合心意：笔记本电脑的外观同样重要，在购买时一定要看好样机，最好是动手体验感觉一下键盘、鼠标的舒适度和灵敏度。
- 散热与电池要有保证：笔记本电脑受体积的限制，在选购时应该考虑散热问题。另外，还需要考虑笔记本电脑电池的续航能力，充足的供电时间可以给我们移动办公带来足够的便利。
- 选择合适的屏幕：市场上很多笔记本电脑的 LCD 屏幕都采用了宽频比例进行切割。可以根据个人喜好选择 16：9、16：10 和 15：9 等不同比例屏幕。

（5）认清售后服务。笔记本电脑配件的集成度非常高，在出现故障后，普通用户根本无法方便地找出故障的源头，需要厂家指定的维修点进行维护。所以笔记本电脑的良好售后服务显得尤为重要，购买时一定要问清售后服务的要求，以及免费售后服务的时间，是否全球、全国联保等。

（6）选择好的品牌。良好的品牌是性能与质量的保证，因此在选购时应该尽可能选择大公司的名牌产品，但也不要迷信名牌，在选购时还要考虑其售后服务的方便性和质量。

2．需求定位

买笔记本首先要知道自己的需求是什么。品牌不同，价位不同，配置不同，其性能也不同。笔记本的选购有其特殊性，不能由用户指定配件，而是由厂商配好套餐，用户选的只是不同品牌的不同套餐而已。

选择笔记本时，用户只能根据自身需求，采取以某种配件做主要参考，其他为辅助参考的原则进行选择。由于成本和散热等原因，很多笔记本的配置都是好点的 CPU 配差点的显卡，或差些的 CPU 配好点的显卡，选 CPU 还是选显卡，就是很重要的问题。

要点提示　　有人买了高性能的 CPU，直到这台笔记本报废了，CPU 的高性能都没有发挥过，而需要的显卡性能却很一般，想玩的游戏却玩不了，这就是定位不清造成的。

（1）打字、上网和欣赏影视。这类要求比较低，所以配置也不高，价位也低，一般中档CPU，屏幕12～14英寸的笔记本，价格在3000元左右。

（2）玩游戏。该类笔记本至少选择独立显卡，根据不同游戏要求，显卡和CPU都有入门级、中档和高档之分。这类笔记本同时也是各品牌推荐的主流产品，型号繁多，屏幕以14英寸为主，价格4000~5000元左右（6000以下）。15英寸及15英寸以上屏幕的一般都是性能优异的游戏本，价格也更贵，一般都在6000元以上。

（3）特殊要求。有的用户因为职业和行业的关系，有鲜明的特殊要求，比如有的要运行大型程序，有的要作图，有的要处理视频等，这类用户对CPU和显卡都有要求，CPU要高档的，显卡起码要中档的，内存要大，这部分人是购买者中的少数。这类机型一般14英寸屏幕，价格5000～6000元。

3. 屏幕选择

选笔记本的第一件事就是选屏幕大小。笔记本屏幕的大小，涉及便携性、游戏性和娱乐性几方面，屏幕大就重，便携性差；屏幕小就轻，便携性好。

（1）12英寸。如果经常带着笔记本出差或旅行，尽量选择小屏幕。但小屏幕的笔记本价格相对要高（因为模具成本高，还要考虑散热等制造因素），性价比低，性能一般。因为体积小，散热差，所以CPU不能用功能强的（部分商务本除外，价格也高很多），显卡也一般用集成显卡。因此，除了轻便，小屏幕没别的好处，而且为了减轻重量都不带光驱。

（2）14英寸。因为比12英寸屏幕大些，所以散热比较好处理，因此大多采用主流配置。CPU和显卡选择多样，中档、中高档都有，能满足游戏和各种办公需要等，价格适中，是各品牌主推的产品，也是用户选择较多的产品，一般2.3～2.6kg。如果用户没什么特别要求，一般就可选14英寸屏幕。

（3）13.3英寸。是12英寸和14英寸结合的产物，性能和14英寸差不多，重量比12英寸重一点，比14英寸轻一点，价格比14英寸贵一点，和12英寸差不多，但配置要好一些。

（4）15英寸以上。这是目前流行的娱乐本，15～17英寸都有，主要用于玩游戏，因为尺寸大，散热问题好解决，所以CPU、显卡都很强劲，价格也很较高。但是体积大，不适于移动。

4∶3：正屏，早期计算机屏幕类型，但宽屏普及后，正屏已基本退出市场。16∶10：即宽屏。早期的宽屏都采用16∶10的，由于液晶面板厂商出于经济考虑，16∶10的宽屏被16∶9的屏幕所代替。16∶9：目前宽屏的主流产品，适合人眼观看。

4. 亮点与坏点

液晶屏在制作过程中，由于各种原因，有可能产生不管屏幕显示什么都是常亮的点（或黑点），称为亮点（或坏点），亮点和坏点会影响到人们的视觉感受。国家规定7个以下的坏点是正常的，厂商通常规定4个坏点以下为合格产品。

所以买笔记本的时候，特别要注意，可以跟经销商谈包点，即开机有亮点或坏点，就换机，不过要加点钱——包点费（一般50元或100元）。一般好品牌的屏幕有保障些，会承诺无坏点，品牌差点的产品遇到坏点的机会更大一些。

5. 品牌选择

买笔记本的人都会遇到这个问题——买哪个品牌的好？大家都知道品牌好的价格高，品牌差点的性价比好，但到底如何选择，这个仁者见仁，智者见智。而且每个人的财力不同，对品牌的态度也不同，本书也不能说哪个品牌就值得买，哪个品牌就不能买，每个品牌市场定位不同，对应的消费群体也不同，存在就是真理，要不这个品牌早就被市场淘汰了。

（1）如果经济宽裕，可以购买惠普、戴尔、三星、东芝以及索尼等一线产品，其质量和售后都过硬。而且大品牌产品种类丰富，外观和造型都很漂亮。

（2）如果预算有限，可选华硕、宏基、联想等产品，性价比高，品牌质量都不错。这些品牌也是目前购买率较高的主流品牌。

（3）如果资金特别有限，可选择神舟、方正等品牌。这类产品性价比最高，售后服务也在逐步改善。

6. CPU 的选择

CPU 由 Intel 和 AMD 双雄平分秋色。从技术上和性能上来说，Intel 始终略胜一筹，AMD 的功耗始终是个问题，在台式机上好一点，毕竟有散热空间，而对于笔记本来说，散热的压力不小。AMD 的优势主要体现在价格上，选用 AMD 的笔记本比同性能的采用 Intel 的价格要低。

（1）普通用户。以日常应用为主，比如上网下载、看电影、听音乐、使用 Office 软件等。对这部分用户来说，选择低端的 CPU 产品即可，价格却便宜不少，性价比很高，能"花最少的钱，办够多的事"。如果预算较少，可以考虑新款赛扬双核处理器等低端产品。

（2）游戏爱好者。笔记本玩游戏 80% 看显卡，10% 看处理器，10% 看内存。酷睿 2 双核其实就够用了，其中 T 系列和 P 系列的区别在于功耗，P 系列相对更省电一点而已。如果总觉得它们性能不够，或是在价格相差不大的情况下，也可以考虑酷睿 i3 甚至 i5 处理器。

（3）图形图像用户。例如经常使用 3DMAX 或 Premier 等图形和视频编辑软件的用户，他们对处理器性能的要求可以说永不满足，这些软件在后期渲染和编码生成的时候，往往要耗费好几个小时甚至一整天的时间，更快的处理器可以将等待时间缩短一些。

对这类用户而言，应该根据自己的预算选择尽可能好的处理器，从目前的情况来看，酷睿 i7 无疑是首选，如果预算较低，选择酷睿 i5 也不错，因为酷睿 i5 和 i7 支持睿频加速技术，能进一步提高处理器性能。

（4）户外使用者。这类用户对电池续航时间有很高要求，而且希望笔记本越轻薄越好。对那些经常出差，需要在旅途中办公的用户来说，处理器在性能够用的前提下，自然是越省电越好。从目前的情况来看，SU 系列处理器是比较实惠的选择（注：S 代表小型封装，U 代表超低电压），比如 SU4100 和 SU7300。如果预算充裕的话，新一代的 i5-520UM 则更为理想。

> 　　如果已经有了一部主流计算机，出差时想带一部便携的小本，对性能要求不高，又希望价格便宜的话，也可以考虑买一部上网本。但需要注意，Atom 系列处理器仅能满足最基本的日常应用，笔者不建议将上网本当作笔记本来使用。

7. 产品的验收

购买新的笔记本电脑后，通常可以按照以下步骤验收产品。

（1）打开包装箱，找出保修卡，核对一下系列号。机器底部铭牌的系列号，外包装箱序列号以及 BIOS 中的系列号必须一致，否则很可能是商家动过手脚或者拼装货。

（2）找出说明书，查看随机产品清单，按清单所列的条目清点随机配件。

（3）取出主机，仔细查看外壳是否有划痕、擦伤、裂缝，因为机器很可能在运输过程中受到损伤。

（4）仔细查看螺丝是否有拧花的痕迹，以断定该笔记本电脑是否被拆开过，换过零件。

（5）轻轻摇晃笔记本电脑，仔细听是否有异物的响声，作为精密仪器的笔记本电脑，出厂前经过严格的检验，出现异物响声的几率近乎为零。

（6）检查各个容易留下使用痕迹的地方，以判断这台笔记本电脑是否被使用过。

- 键盘的键帽是否有油亮的现象。
- USB 插口是否有多次插拔的痕迹。
- 机器的接缝。
- CPU 散热口是否有灰尘。
- 电池与机器插槽的接触部分以及电池的表面是否有插痕。
- 底部橡胶脚垫是否有污损，不干胶商标是否有卷角或者撕开重贴的现象。

（7）开机后打开写字板，按平时的使用习惯输入文字，看看是否存在个别按键不灵敏或者卡壳现象，检查键盘按键是否有接触不良或者失灵的情况。

（8）打开光驱，检查一下光驱托盘以及光头上是否一尘不染，最好找一些光盘试用一下，检测其读盘性能。看看光盘读取是否正常，有无跳盘现象。

（9）打开操作系统自带的声音文件，仔细听是否有杂音、破音、异响，以检测喇叭工作是否正常。

7.1.4　笔记本电脑的维护

为了延长笔记本电脑的使用寿命，在使用时应注意以下维护要点。

1. 注意日常维护

在使用笔记本电脑时，要注意以下维护要点。

（1）笔记本电脑的第一大忌就是摔。一般的笔记本电脑都装在便携包中，放置时一定要把包放在稳妥的地方。

（2）笔记本比一般电脑要更注意不能在强磁场附近使用。不要将笔记本长期摆放在阳光直射的位置下，经常处于阳光直射下容易加速外壳的老化。

（3）笔记本经常会在各种环境下使用，原则上，要比台式机更容易脏，而笔记本结构非常精密，要比台式机更不耐脏；此外，大部分笔记本的便携包是不防水的，所以如果下雨天背着笔记本外出，需要采取一定的防雨措施。

（4）笔记本主要是为移动办公服务的，所以，应该只安装很了解的稳定的软件，不要拿笔记本电脑试装一些没有把握的软件。笔记本电脑上的软件装得太杂，难免会引起一些冲突或这样那样的问题。

（5）不要随便拆卸笔记本。如果是台式机，即使不懂计算机，拆开了可能也不会产生严重后果，而笔记本不一样，拧下个螺钉都可能带来麻烦。稍不留神就可能将它拆坏，而且自行拆卸过的笔记本，厂家一般不会保修。

（6）保存好驱动。笔记本电脑的硬件驱动都是一些非常有针对性的驱动程序，要做好驱动备份，并且注意保存，一旦驱动丢失了，要找齐就不容易了。

（7）散热问题一直都是笔记本设计中的难题。由于空间的限制和能源的要求，在笔记本中不可能安装像台式机中使用的那种大风扇。因此，使用时一定要注意给机器的散热位置保持良好的通风条件，不要阻挡住散热孔。冬天在被窝里就不好，因为万一睡着了不但容易压坏它，还容易因为不散热而损坏。

2．LCD 屏幕的保护

保护 LCD 屏幕时，要注意以下要点。

（1）不要拆卸掉 LCD 的保护膜，它可避免灰尘及指纹。

（2）不要使用尖锐物品，如圆珠笔等直接接触 LCD，有可能使 LCD 划伤。

（3）笔记本不能承受过重的物品放在它上面，可能会导致 LCD 破裂，要注意产品包装袋中标志的最大承受重量。

（4）可以使用工业酒精或是玻璃清洁剂等，先蘸一些液体在柔软的棉布上，以直线方式轻轻擦拭 LCD 屏幕。清洁剂不要过量，以免流入 LCD 的缝隙中，造成 LCD 的线路短路和腐蚀。

3．电池的保养

笔记本长期插着电不但会造成电池温度过高，相对的高温也会影响电池本身的化学活性，日积月累之后，电池的化学能便会慢慢降低，最后使电池的供电时间减少。

（1）长时间使用外接电源的客户，在电池充满之后应尽量将电池取下，确保电池的化学活性在最佳的状态。

（2）若电池长期不用至少每月使用电池工作一次，使其充放电。

（3）第一次使用新购笔记本电脑时，应将电池充足 8h，以便让电池维持最佳状态。

4．键盘的保养

键盘是笔记本电脑使用者最常接触的部分，经年累月下来键盘缝隙间都会积聚一些灰尘。

（1）定期用干净的油漆刷清除键盘缝隙间的灰尘或杂物，或使用一般清洁照相机镜头的高压喷器罐，将灰尘吹出来。

（2）清洁剂先喷洒在软布上，然后用软布轻轻擦拭键盘，这样不但可将键盘上的油渍轻易的清除，也可以增加键盘与手指间的摩擦力，打字更为顺手。

（3）注意不要将水撒到键盘上，这将可能导致内部印刷电路的严重损坏。如果不小心进水应立即切断电源，取下电池，然后找专业人员来处理，不要自行拆卸，否则可能会扩大损伤。

5．硬盘的保护

硬盘最脆弱的时候是在开机及关机的时候。

（1）开机时硬盘激活，电动机的转数还未趋于稳定。如果此时震动的话容易产生盘片损伤造成坏道。

（2）而关机时，使用者常因为硬盘盘片未完全静止就任意搬动，此时也很容易造成硬盘的伤害。

（3）笔记本电脑应尽量在稳定的状况下使用，避免在火车、汽车等会晃动的场所操作计算机，这样可延长硬盘的寿命。

6．光驱的保护

光驱是目前计算机中最易衰老的部件，笔记本的光驱大多也不例外。

（1）笔记本光驱大多是专用产品，损坏了要更换可是比较麻烦。用笔记本看 VCD 或听音乐都不是好习惯，更换笔记本光驱的钱足够买上一台高级 VCD 机或 CD 随身听了。

（2）使用光驱时应尽量避免在计算机旁抽烟，香烟中的尼古丁，会聚集在 CD 激光头上，导致读取不良。

（3）不要使用劣质盘片、不规则形状盘片，否则将可能严重损坏激光头；平常可用 CD 清洁片，清洁 CD 的读头。

7．风扇的保护

风扇的保护要点如下。

（1）定期检查风扇是否有积尘而导致散热不良，进而影响计算机的稳定性。

（2）若有积尘可用小毛刷，伸入风扇内部，轻轻刷拭，可将积尘刷出。

（3）有些笔记本电脑刚开机时会自动测试计算机的风扇，若开机时，风扇是无反应的，建议用户跟售后服务人员联络，以避免过热造成机器损坏。

8．触摸板的使用

触摸板的保护要点如下。

（1）使用触摸板时应保持双手清洁，以免鼠标指针乱跑。

（2）如表面有脏物，可用软布蘸水轻轻擦干净。

（3）触摸板采用静电感应原理，不要使用尖锐物品在上面书写，也不要重压使用，以免造成损坏和变形。

9．其他注意事项

此外还要注意以下要点。

（1）轻开轻关 LCD 上盖，以避免 LCD 连接线因施力过重而松动，导致屏幕闪烁。

（2）应定期更新驱动程序，以保证笔记本电脑的兼容性和稳定性，定期备份笔记本中的重要资料，以降低数据损失的危险性。

（3）除非有特别说明，否则笔记本电脑所有外围接口都不能在开机的时候连接周边设备。

（4）笔记本电脑是高频电子设备，应避免外来干扰，例如移动电话，不能放在正在运行的笔记本电脑上，否则来电话时可能导致笔记本死机或自动关机。

7.2 选购平板电脑

平板电脑（Tablet Personal Computer，简称 Tablet PC、Flat PC、Tablet 或 Slates），是一种小型、方便携带的个人计算机，以触摸屏作为基本的输入设备，允许用户通过触控笔或数字笔来进行作业以取代传统的键盘或鼠标。

7.2.1 平板电脑概述

平板电脑最早由比尔·盖茨提出，应支持来自 Intel、AMD 和 ARM 的芯片架构，从微软提出的平板电脑的产品概念上看，平板电脑就是一款无需翻盖、没有键盘、小到放入手袋，但却功能完整的 PC。

1．平板电脑的发展历程

平板电脑的命名由苹果公司已故 CEO 乔布斯提出，并且申请了专利。

● 微软在苹果提出之后，也做过设想，但由于当时的硬件技术水平还未成熟，而且所使用的 Windows XP 操作系统是专为传统计算机设计，并不适合平板电脑的操作方式。

● 直到 2010 年 iPad 的出现，平板电脑才真正进入人们的视野。iPad 由苹果公司首席执行官史蒂夫·乔布斯于 2010 年 1 月 27 日在美国旧金山欧巴布也那艺术中心发布，让各 IT 厂商将目光重新聚焦在了平板电脑上。

● iPad 重新定义了平板电脑的概念和设计思想，取得了巨大的成功，从而使平板电脑真正成为了一种带动巨大市场需求的产品。这个平板电脑（iPad）的概念和微软那时（Tablet）已不一样。2011 年 9 月，随着微软的 Windows 8 系统发布，平板阵营再次扩充。

● 2012 年 6 月 19 日，微软在美国洛杉矶发布 Surface 平板电脑，Surface 可以外接键盘。微软称，这款平板电脑接上键盘后可以变身"全桌面 PC"。微软将提供多种色彩的外接键盘。

2．平板电脑的优势

平板电脑在外观上，具有与众不同的特点。有的就像一个单独的液晶显示屏，只是比一般的显示屏要厚一些，在上面配置了硬盘等必要的硬件设备，如图 7-24 所示。

图 7-24　典型平板电脑

（1）特有的操作系统。平板电脑特有的操作系统，不仅具有普通计算机的功能，还增加了手写输入，扩展了计算机的功能。扩展使用 PC 的方式，可使用专用的"笔"，在计算机上操作，使其像使用纸和笔一样简单。同时也支持键盘和鼠标，像普通计算机一样的操作。

（2）便携移动。平板电脑像笔记本电脑一样体积小而轻，可以随时更换它的使用场所，比台式机具有移动灵活性。

（3）数字化笔记。平板电脑就像 PDA、掌上电脑一样，可做普通的笔记本，随时记事，创建自己的文本、图表和图片。

（4）个性化使用。平板电脑的突出特点是，数字墨水和手写识别输入功能，以及强大的笔输入识别、语音识别、手势识别功能，且具有移动性。

7.2.2　平板电脑的分类

平板电脑带有触摸识别的液晶屏，可以用电磁感应笔手写输入，集移动商务、移动通信和移动娱乐为一体，具有手写识别和无线网络通信功能，被称为上网本的终结者。

1．双触控平板电脑

双触控平板电脑同时支持电容屏手指触控及电磁笔触控。简单来说，iPad 只支持电容的手指触控，但是不支持电磁笔触控，无法实现原笔迹输入，所以商务性能相对不足。目前在全球市场上，双触控平板电脑并不多见，主要原因在于其工艺和技术难度相对较高。

KUPA X11（见图 7-25）是全球首款使用 1366 像素 ×768 像素分辨率高清双触控平板电脑，能同时支持手指多点灵敏触控和电磁笔精准书写，在键盘之外为用户提供更为舒适、自然、快捷的输入方式。

2. 滑盖型平板电脑

滑盖平板电脑的好处是带全键盘，同时又能节省体积，方便随身携带。合起来就跟直板平板电脑一样，将滑盖推出后能够翻转。它的显著优势就是方便操作，除了可以手写触摸输入，还可以像笔记本一样键盘输入，输入速度快，尤其适合炒股、网银操作时输入账号和密码，如图 7-26 所示。

图 7-25　双触控平板电脑

图 7-26　滑盖型平板电脑

3. 纯平板电脑

将计算机主机与数位液晶屏集成在一起，将手写输入作为其主要输入方式。这类平板电脑更强调在移动中使用，当然也可随时通过 USB 端口、红外接口或其他端口外接键盘/鼠标，有些厂商的平板电脑产品将外接键盘/鼠标。

4. 商务平板电脑

平板电脑初期多用于娱乐，但随着平板电脑市场的不断拓宽及电子商务的普及，商务平板电脑凭借其高性能高配置迅速成为平板电脑界中高端产品的代表。一般来说，商务平板用户在选择产品时看重的是处理器、电池、操作系统、内置应用等"常规项目"，特别是 Windows 之下的软件应用，对于商务用户来说更是选择标准的重点。

5. 工业用平板电脑

简单来说，就是工业上常说的一体机，整机性能完善，具备市场常见的商用计算机的性能，如图 7-27 所示。多数针对工业方面的平板电脑都选择工业主板，价格较商用主板价格高，并采用 RISC 架构。性能要求不高，但是性能应非常稳定。

6. 学生平板电脑

学生平板电脑是平板电脑发展尤其是商务平板电脑进入 ELP（电子教育产品）行业的产物，也被 ELP 行业称为第五代电子教育产品。2011 年是属于学生平板电脑的一年，众多学习机企业纷纷推出"学生平板电脑"，这些产品只是让学习机具备了上网功能。

图 7-27　工业用平板电脑

7. 儿童平板电脑

儿童平板电脑也是平板电脑进入 ELP（电子教育产品）行业的产物，用户不仅包括了学生，还包括了学龄前儿童。儿童平板电脑最大的价值是专门为孩子提供了一个相对安全的认识世界、学习知识、开创自我的方式。儿童平板电脑产品从"玩伴"需求催生而来，"后天"又被赋予了教育的价值，跨界"玩具+教育"，从使用形态上来看是此前的电子玩具、掌上游戏机或点读机等产品的升级产品。

7.2.3　iPad 简介

iPad 是一款苹果公司于 2010 年发布的平板电脑，定位介于苹果的智能手机 iPhone 和笔记本电脑产品之间，通体只有四个按键，提供浏览互联网、收发电子邮件、观看电子书、播放音频或视频等功能，到目前为止已经发行 3 个版本。

1．入手前的准备工作

在使用 iPad 前，首先需要了解以下知识。

（1）硬件和软件准备。首先是要有一台带有 USB 2.0 接口的计算机，并且已经安装了以下任意一种操作系统：Mac OS X 或 Windows 7，Windows Vista 或者 Windows XP（安装了 service pack 3 或者更高版本）。其次便是计算机上已经安装有 iTunes 9.1（或者更高版本）。

（2）iTunes store。作为一款苹果公司的产品，需要一款叫做 iTunes 的软件来把计算机里的资料传输到 iPad 中。目前 iTunes 的最新版本为 10.2，最好同时申请一个美国账号和一个中国账号，以方便更新下载各种功能，用户可以自己进行申请。

2．了解 iPad

iPad 1 代于 2010 年 1 月发布，其外形如图 7-28 所示。2011 年 9 月，iPad 2 代正式上市，其外形如图 7-29 所示。2012 年 3 月，苹果公司在美国芳草地艺术中心发布第三代 iPad。据苹果中国官网信息，苹果第三代 iPad 定名为"全新 iPad"。

图 7-28　iPad 1 代

图 7-29　iPad 2 代

iPad 电池为内置锂离子充电电池，可维持 10h 的连续正常使用。虽然市面上可更换电池，但是推荐使用其自身的原装电池。如果希望延长电池使用时间，可以适当降低屏幕亮度，关闭不用的下载应用程序，关闭 Wi-Fi，开启飞行模式，减少使用定位服务等方式。

如果希望延长电池使用寿命，每个月至少完成一次充放电循环，即将电池充电到 100%，并连续使用，直到屏幕出现必须进行充电的提示为止。

3．使用 iPad

iPad 激活后屏幕上共有 13 个图标（即初始安装了 13 个软件），分别如下。

- 日历：当前的日期保留在 iPad 上。
- 通讯录：在 iPad 上保持最新联系人。

- 备忘录：随时随地记录备忘录。
- 地图：查看全球各个位置的地图、卫星影像图。
- 视频：播放 iTunes 资料库或影片收藏中的影片、电视节目。
- YouTube：从 YouTube 的在线收藏播放视频。需设置并登录到 YouTube 账户。
- iTunes Store：在 iTunes Store 中搜索音乐、有声读物、电视节目、音乐视频和影片，在计算机和 iPad 间同步数据。
- App Store：在 App Store 中搜索您可以购买或下载的应用程序。
- 设置：可对 iPad 进行个性化设置，如网络、邮件、Web、音乐、视频、照片等。管理 iPad 无线局域网账户，设定自动锁定和安全密码。
- Safari：用于浏览互联网上的网站。连按两次以放大或缩小，可打开多个网页。可与计算机 Explorer 同步书签。
- Mail：使用多种流行的电子邮件服务、大多数业内标准 POP3 和 IMAP 电子邮件服务收发电子邮件。
- 照片：将照片和视频整理到相簿。
- iPod：与 iTunes 资料库同步，然后在 iPad 上播放歌曲、有声读物。可使用"家庭共享"从电脑播放音乐。
- iBooks：免费应用程序，是一个很好的电子书阅读器，它采用的是 EPUB 电子书格式。可以搜索免费的 EPUB 书籍然后使用 iTunes 同步到 iPad 的 iBooks 程序当中。

4．iPad 的主要功能

如果拥有一台 iPad，用户能做很多事情：能查航班信息、能处理办公文件、能当 GPS、能用来订餐、能查当日影讯、能上网、能弹钢琴、能画画、能处理图片、能做记事本、能看电影、能听音乐、能弹吉它、能当作图书馆、能成为百科全书……

（1）TabToolkit，随身音乐梦工厂。TabToolkit 是一个功能强大的吉他六线谱与乐谱查看器，还有多音轨播放功能。其中包括一个音频合成引擎，可让用户逐一收听和控制所有音轨的音频。演奏练习工具还有重放节奏控制器、节拍器和六线谱上传、下载管理器。适用于吉他爱好者甚至专业的音乐家。在操作上，它看上去就是一把虚拟的吉他，构造上完全如同真的一样，用户只需要像弹真吉他一样弹奏，就可以发出美妙的吉他声。

（2）iBook，掌上图书馆。与此前多款电子书产品相比，在 iPad 上阅读文件就像读真的纸质书籍一样。点击进入 iBook 程序，一个极具质感的木质虚拟书架就会自动显示出来。在程序的右上角，可以找到书店按钮，点击一下书架就会自动移开，为用户显示 iBookstore 的内容，用户可以在这里按照不同方式寻找书籍，同时还可以看到读者评价，下载完成后即可阅读。

（3）Google map，全智能导航仪。如果与朋友约了一个餐厅谈事情，但事先并不知道具体地点，本想打车过去，但谁知出租车司机也不知道。神奇的 Google map 就能发挥作用，不但能协助用户找到那家餐厅，甚至行车路线和周边设施都显示得极其精确。

（4）办公软件，移动工作室。Pages 是一款文档处理软件，类似 Windows 上的 Word，可以进行快速输入文字、调整字体大小等文字处理，还可以插入图片、表格、自定义形状、数据图等，制作专业的工作文档。

Numbers 类似于 Excel，是一款表格工具，内置了十几种专业的表格模板，无论是处理预算、制定旅行计划，还是给老板做一份详细的财务统计报表，都可以胜任。

使用幻灯片工具——Keynote，一旦有了新的灵感和想法，都可以用它随时随地来给老板或者同事做演示，非常便捷。

使用记事本——Notes Pro，除了可以使用虚拟键盘输入规范字体的文字，还允许用户尽情地在页面上涂鸦，也可以插入图片、录音、PDF 文件甚至是谷歌图书分页。

使用便签——Stick it，用户将各个小便签"钉"在 iPad 这面"墙"上，用户可以建立多个便签，所有待办事项一目了然，非常方便。

（5）无敌游戏机。通过 iPad，可以玩时下热门的各类社交类游戏、网络游戏。人类对于游戏永无止境的追求成就了各种经典游戏的问世，而使用 iPad 玩游戏，更能充分体现出游戏的趣味性和美感，让用户真正领略游戏的至高境界。

5．iPad 的特点

iPad 2 采用了全新的 A5 处理器。该处理器采用双核心构架，相比 iPad 1，iPad 2 具有两倍的运算速度，9 倍的图形处理能力，大大增强了自身的技术实力。

（1）触摸笔，改变绘画方式。虽然 iPad 的人性化设计已经做到了极致，但是整天用手指摩擦屏幕还是不太舒服。利用触摸笔来完成操作是一件简单可行的事情。专门为 iPad 设计的触摸笔有很多，不但有专门画画的水笔款式，也有细致的签字笔，拥有了这些，就可以把 iPad 当成画板和便签纸，随时随地记录生活。

（2）书架，改变阅读方式。iBook 让使用者体验到了用高清电子屏阅读纸质书的乐趣，不过长时间地手捧 iPad 看书也会觉得疲劳，配套的书架很好地解决了这一问题。把 iPad 调整到最好的展示效果然后放在书架上，即可轻松地阅读用户喜爱的图书。

（3）喇叭，改变视听方式。既然被视为一台平板电脑，那么就不能忽视声音的存在。时尚的 Vestalife iPad 瓢虫喇叭通过 USB 或 4 节 AA 电池供电，以扩大 iPad 的音量，并不是谁都能把这么大的喇叭带来带去的，飞利浦设计的喇叭基座 Fidelio D8550 可以很好地与 iPad 融为一体。

（4）无线路由器，改变上网方式。目前，iPad 上网主要方式是通过内置 3G 卡上网，如果不需要随时随地上网，Wi-Fi 是不错的选择，只要是在有 Wi-Fi 网络的地方，就可以享受到无线上网的乐趣。此时无线路由便是一个必要的装备，其机身底部有一个 Micro USB 接口，通过它与 iPad 连接设置后，便可以搜索到 Wi-Fi 网络，同时它还可以建立 Wi-Fi 无线局域网，让周围的 Wi-Fi 设备实现网络资源共享。

（5）键盘，改变办公方式。习惯了键盘操作的用户的确要一段时间才能适应 iPad 触摸式的键盘模式。尽管触摸式虚拟键盘更加方便，但过于灵活以及缺乏质感还是让很多人不适应。为此，苹果公司专门配套出品了外接键盘底座。这个套装包含一个铝质苹果键盘和同步底座。键盘的整体设计完全沿用了 iMac 计算机键盘风格，操作十分方便。

7.2.4　平板电脑的选购

近两年，随着 3G 网络、Android 系统以及 Web2.0 在国内逐步普及，平板电脑在国内市场逐渐升温，众多厂商的海量新品铺天盖地地出现在各大电子卖场，此情此景，相信很多消费者都会有些困惑，到底应该如何选用平板电脑呢？

1．操作系统

在各类操作系统中，从系统的普及性、软件的获取成本、应用环境等方面综合考虑，可以看出，微软 Windows 7 是主流，而黑莓 BlackBerry Tablet OS 与惠普 WebOS 的全面推广仍需时日，唯有苹果 iOS 和谷歌 Android 具有实力与潜力，而苹果 iPad 过高的售价阻碍了市场的进一步扩张，当前最适合国内普通消费者使用的平板设备操作系统，无疑应是谷歌 Android，因此现在国内的平板厂商绝大多数都选用 Android 系统作为各自平板产品的标准配置。

2．屏幕与操控

选定了操作系统，下面需要关注的便是产品的屏幕设计，目前市场上常见的 MID/平板产品的屏幕尺寸主要有 7 英寸、9 英寸及以上，而屏幕的操控方式，只有电容式和电阻式两类。

（1）屏幕：7 英寸屏幕是当今平板的主流，众多厂商都相继推出不同款式的 7 英寸屏幕平板产品。多数 7 英寸屏幕的平板，例如斯贝 MD06、音悦汇 W9，都采用的是 16∶9 或 16∶10 宽屏设计，其宽度一般都在 12mm 以内，可以插到裤子后袋，这种设计，可谓是找到了当前平板产品性能、用户体验度和便携性之间的最佳平衡点。

此类产品比宽屏设计的产品更适于浏览网页与游戏。7 英寸屏幕的平板由于屏幕尺寸的提升，在视频播放、文档查看和网页浏览等方面都比 5 英寸屏幕的产品要好，适合大多数消费者，尤其适合外出随时都带着小包的女性朋友，而更注重网页浏览效果的消费者则应重点考虑采用 4∶3 比例屏幕设计的产品。

（2）操控：在屏幕的操控方式方面，传统的平板多采用电阻式触摸屏，可用任何硬物触控，触控精度高，适于手写和绘画等；其屏幕表面为软质材料，易划花，但比电容屏抗冲击性强，其质量较轻，成本较低。

新一代的平板多选用电容式触摸屏，利用人体电场感应，触控感流畅轻松，适于滑触动作（如电子书的翻页，网页的滚动等），在精细触屏输入与电阻触摸屏相当（如中文手写和绘制设计图等），可支持多点触控；其屏幕表面可以使用硬质材料制作，抗划防花，质量较重，成本也相对较高。

3．网络连接

目前，消费市场上流行的平板上网方式，主要有 Wi-Fi 无线连接与 3G 移动网络两大方式，两种上网方式有其不同的特点和适用范围，选择平板产品的时候可以根据自己的需求做好选择。

（1）Wi-Fi 无线网络。Wi-Fi 无线网络是 Wi-Fi 联盟制造商的商标（也可作为产品的品牌认证），是一个创建于 IEEE 802.11 标准的无线局域网络（WLAN）设备标准，目前，Wi-Fi 的主流标准包括 802.11a/b/g/n，是平板产品的主流上网方式，其稳定性适中，速度较快，功耗较低，通过无线点，可以在一定空间范围内自由移动，费用较低或免费。

（2）3G 移动网络。3G 移动网络可用空间范围最广，中国移动、中国联通和中国电信都分别拥有各自的 3G 网络，理想状态下可认为是随处可用，但功耗较高、辐射较大、费用较高、标准互相排斥，且受到实际网络信号覆盖的限制。目前支持 3G 移动网络的平板产品又分为外置无线上网卡与内置模块，其标准多为电信 CDMA2000 和联通 WCDMA，需要支付数据流量资费。

总体来看，得益于无线路由器的普及，如果家里或公司原来"可以上网"的话，那要变成"能让平板通过 Wi-Fi"在家里或公司上网，是非常简单的一件事。即使在户外，在很多大城市的公共场所也有 Wi-Fi 热点覆盖，在那里也可以用平板通过 Wi-Fi 上网，所以一台标配支持 Wi-Fi 的平板设备已经可以达到"准随时随地"上网，当然，对于要求较高、预算较为充裕的用户，选购支持 3G 移动网络的平板，会是更佳选择。

4．扩展应用

如果说，无线互联是平板的基本价值，那么，端口扩展则是平板的溢出价值。随着平板设备的性能越来越强大，其实现"大而全"的可能性就越来越高，要把手上的平板性能发挥到极致，设备就要具有相当的扩展性。

其中，最简单、最常用的扩展，自然就是存储与 USB 的扩展，多数平板可支持扩展卡，少数产品还可以通过 USB-HOST，支持硬盘或其他 USB 设备，如 U 盘、摄像头、USB 键盘、3G 数据卡等。随着高清、游戏、应用的进一步增长，用户对平板容量与屏幕宽度的需求肯定越来越大，市场上此类存储与 USB 扩展的平板也会愈渐增多。

目前中高端的平板，包括三星 Galaxy Tab、东芝 AS100 等产品，很多都提供了 HDMI 数字输出接口，拥有此接口的平板可以把 HD 高清音视频信号输出到如家庭影院等设备中，从而实现 DVD 机、高清播放器等传统产品的功用，令平板的娱乐价值进一步提升。

（1）蓝牙功能扩展。蓝牙在平板上的应用跟计算机上的蓝牙应用差不多，主要就是实现文件无线传输、无线输入、无线音频输出等。目前市场上支持蓝牙的平板还不多。

（2）GPS 导航扩展。目前，部分高端平板已开始支持 GPS 导航，而导航类软件也可被现有的平板系统良好兼容，既然平板的设计跟 GPS 导航仪那么相似，而软硬件平台又提供支持，GPS 与平板的融合势必将成为今后的一大趋势。

（3）通话功能扩展。虽然现在市场上已经有不少支持 3G 上网的平板，但这些平板大多不具备通话功能，目前仅有三星 Galaxy Tab、戴尔 Streak 等少数产品支持通话功能，今后，平板与通话、蓝牙功能的结合，同样是一大亮点。

7.3　选购一体机

一体机是由一台显示器、一个计算机键盘和一个鼠标组成的计算机，如图 7-30 所示。其芯片、主板与显示器集成在一起，显示器就是一台计算机，因此只要将键盘和鼠标连接到显示器上，机器就能使用。随着无线技术的发展，计算机一体机的键盘、鼠标与显示器可实现无线连接，机器只有一根电源线，从而解决了台式机线缆多而杂的问题。

图 7-30　典型一体机计算机

7.3.1　一体机的优势、劣势和应用

眼下很多商家推出了一体机，一体机的占用空间比传统的台式机确实小了很多。一体机是台式计算机和笔记本的混合产物。它集合了台式机的大屏幕和笔记本的美观紧凑的优点。

1．一体机的优势

一体机的优势主要表现为以下几方面。

（1）简约无线。最简洁优化的线路连接方式，只需要一根电源线就可以完成所有连接。减少了音箱线、摄像头线、视频线、网线、键盘线和鼠标线等。

（2）节省空间。比传统分体台式机更纤细，联想一体台式机可节省最多70%的桌面空间。

（3）超值整合。同价位拥有更多功能部件，集摄像头、无线网线、音箱、蓝牙和耳麦等于一身。

（4）节能环保。一体台式机更节能环保，耗电仅为传统分体台式机的 1/3（分体台式机 2 小时耗 1 度电，一体台式机 6 小时仅耗 1 度电），带来更小电磁辐射。

（5）潮流外观。一体台式机简约、时尚的实体化设计，更符合现代人对家居节约空间、美观的宗旨。

2．一体机的劣势

一体机的劣势主要表现为以下方面。

（1）产品层次方面。因为涉及散热及制造工艺等方面的原因，一体机难有高功耗高配置机型。大部分一体机配置相对较弱，仅能满足部分需求。

（2）散热方面。一体机的散热差是制约一体机发展的主要原因，目前的产品通过采用笔记本配件来逐步解决一体机散热性差的问题。

（3）升级方面。如何提升一体机的可升级性是生产制造厂商应该考虑的问题，如何确保一体机在一段时间内不过时，就需要生产制造厂商在硬件配制方面下工夫。

（4）维修方面。一体机的维修需要专业人员来维护，在购机时一定要考虑生产制造厂商的售后服务问题。

3．一体机的应用

一体机通常适合以下人群使用。

（1）家里空间比较小，或者喜欢简洁明快生活的用户。一体机和笔记本电脑占用的空间差不多。

（2）对 3D 游戏等大功耗应用没有太高要求的用户。因为一体机的散热系统也和笔记本差不多，没有台式机散热能力好。

（3）对计算机硬件不感兴趣的用户。一体机的结构与笔记本一样紧凑，不能随便拆解和替换。维修的时候只能使用相同的部件，不能随意升级换代。

（4）不打算带着计算机随意走动的用户。一体机虽然在很多方面很像笔记本，但却没有笔记本的便携性。

7.3.2 一体机的选购

选购一体机时，主要考虑以下基本因素。

1．23 英寸全高清大屏是首选

大尺寸的显示屏并支持 1080p 全高清的一体机是不少用户的首要选择。23 英寸全高清 LCD 显示屏，是业内公认的最佳一体机黄金尺寸，其分辨率可达 1920 像素×1080 像素。除了游戏时视野更宽广、画质更细腻外，其完美的点距也使人眼感觉非常舒适。

据统计，人们使用计算机浏览页面或处理文字的最佳屏幕尺寸是 23 英寸，过大或过小的尺寸会使用户产生不适的感觉。

2．一体机功能实用很重要

当前计算机硬件的发展速度早已超出用户的应用需要。一体机市场上也有许多满足高端用户或者特殊应用需要的产品，例如目前非常流行的触控功能。但是，这些一体计算机的价格相对较高。对于普通家庭用户来说，选购一体机配置够用就行，在购机前首先考虑自身的实际需要，然后再选择能完全满足日常需要的产品。

3．贴心的家居化细节设计

选购一体机除了要关注屏幕尺寸和配置之外，最容易忽视的一点是，一体机还针对家居环境进行了贴心的家居化设计，这也是一体机产品区别于很多台式计算机的一大亮点。

（1）散热方面。部分产品创新地设计了鲨鱼式出风口，最大限度地增加了散热孔的数量，以保证系统的稳定性，使整机不仅能够确保各种大型应用程序的流畅运行，也使整机能在低噪声状态下稳定运行。

（2）防辐射方面。防辐射功能成为越来越多家庭用户的选购重点，有些产品提出了"全三维"辐射屏蔽概念；有的产品在所有辐射量大的部件上都巧妙地安装了高档防辐射金属屏蔽罩，最大限度地减少电磁辐射对人体的危害。

（3）细节设计方面。多数细节上的设计也是在选购一体机时应根据用户的具体情况酌情考虑的问题。例如独立的 VGA 视频输入功能、支持关闭显示器后的音乐播放等功能以及壁挂功能等。

7.4 习题

1．简要总结笔记本电脑的选购要领。
2．明确笔记本电脑的日常维护技巧。
3．简要说明平板电脑的特点。
4．总结平板电脑的选购要领。
5．对比笔记本电脑、平板电脑以及一体机各自的优势和劣势。

组 装 篇

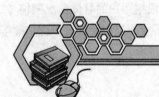

第8章

组装计算机

通过对前面章节知识的学习，读者应该对计算机中各类硬件的基础知识、结构特点、性能参数以及选购技巧都有所了解。本章将向读者详细地介绍计算机的组装过程，让读者掌握组装计算机的一般流程和注意事项。

【学习目标】
- 了解装机前的准备工作。
- 熟悉计算机的组装流程。
- 掌握计算机的组装过程。

8.1 装机的准备工作

用户在动手装机之前，需要提前做好一些准备工作。先根据自己的需求，制定合理的装机方案，然后购买装机所需要的配件，主要有CPU、主板、内存、显卡、硬盘、光驱、机箱、电源、键盘、鼠标、显示器以及各种数据线和电源线等，接下来再开始组装机器。

8.1.1 装机前的准备工作

在组装计算机前，应准备组装所需的材料、工具和软件等，以保证组装的顺利完成。

1. 准备所需的材料

装机所需的材料不光单指计算机配件。为了保证安装过程的顺利完成，一些辅助的材料也不可缺少，如电源插座、器皿、工作台等。

（1）电源插座。由于计算机系统的显示器、主机和音箱等设备都需要供电，所以需要准备一个多功能的电源插座，以方便测试机器。

（2）器皿。计算机在安装和拆卸的过程中有许多螺丝钉及一些小零件需要随时取用，所以应该准备一个小器皿，用来盛装这些东西，以防丢失。

（3）工作台。虽然不能要求拥有像品牌机装配车间那样绝对洁净的环境，但具备一张宽大且高度合适的桌子应当是组装计算机时最起码的要求。

2．准备所需的工具

在进行计算机组装之前，需要准备一些工具，如螺丝刀、尖嘴钳、镊子、防静电的手套、万用表以及毛刷等，如图 8-1 和图 8-2 所示。

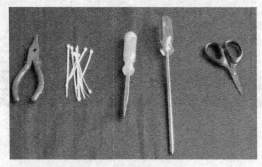

图 8-1　装机准备工具　　　　　　　　　　图 8-2　万用表

（1）应尽量选用带磁性的螺丝刀，这样可以降低安装的难度。

（2）尖嘴钳主要用来拧松一些比较紧的螺丝，比如在机箱内固定主板时，就可能用到尖嘴钳。

（3）在插拔主板或硬盘上的跳线时需要用到镊子。

（4）使用防静电的手套主要是为了避免产生静电，损坏设备。

（5）万用表用来检测计算机配件的电阻、电压和电流是否正常，并检查电路是否有问题。

（6）用毛刷清理主板和接口板卡上装有元器件的小空隙处，可避免碰损元器件。

　　　　普通用户一般只需要准备最基本的使用工具（如一把带有磁性的十字螺丝刀、镊子等）。

3．准备所需的软件

计算机装配好后，需要安装相应的操作系统和驱动程序才能开始工作，所以要准备一张系统安装盘和相对应的硬件驱动程序以及 WinRAR 压缩解压安装包等。同时，还可以准备一些系统测试工具软件。

4．清点、认识各部件

在装机之前，应当仔细辨认所购买的产品，其品牌、规格与实物是否一致，说明书、防伪标志是否齐全，各种连线是否配套等，装机后再测试检验。如发现异常情况，应当及时找商家更换。

8.1.2　装机时的注意事项

在组装计算机时要遵守操作规程，尤其要注意以下事项。

（1）防止静电。由于气候干燥、衣物相互摩擦等原因，很容易产生静电，而这些静电可能损坏设备，这是非常危险的。因此，最好在装机前用手触摸地板或洗手以释放身上携带的静电。此外，还可以戴上防静电的静电手套，或者使用可以防止产生静电的工作台。

（2）防止液体进入计算机内部。在装机时要严禁液体进入计算机内部的板卡上。因为液体可能造成短路而使元器件损坏，所以注意不要将水杯等摆放在机器附近。

另外，还需要注意以下几项。

● 对配件要轻拿轻放，不要碰撞，尤其是硬盘。

● 未安装使用的元器件需放在防静电包装袋内。

● 不要让元器件和板卡掉到地上。

● 装机时不要先连接电源线，通电后不要触摸机箱内的部件。

● 测试前，建议只组装必要的设备，如主板、处理器、散热片与风扇、硬盘、光驱以及显卡。其他配件如声卡和网卡等，待确认必要设备没问题后再组装。

8.2　组装计算机的流程

组装计算机前最好事先制定一个组装流程，以使自己明确每一步要做的工作，从而提高组装的速度和效率。组装一台计算机的流程不是唯一的，也没有所谓的标准流程，其一般步骤如图 8-3 所示。

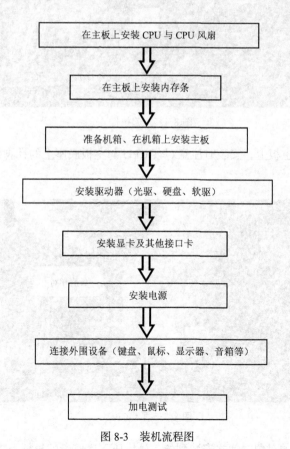

图 8-3　装机流程图

8.3 计算机的组装过程

下面具体介绍一台计算机的完整组装过程。

8.3.1 安装 CPU 和 CPU 风扇

在把主板装入机箱以前，应先把 CPU 及内存条装上，因为安装这两种配件（特别是安装内存条）时要适当用力向下压，在机箱外面操作比较方便。

（1）安装 CPU

① 拉起 CPU 插座边的拉杆，使其呈 90°，如图 8-4 所示。

> 拉起拉杆

图 8-4　拉起拉杆

② 将 CPU 安装到主板上，安装时注意观察 CPU 与主板底座上的针脚接口相对应，如图 8-5 所示。

> 针脚相对

图 8-5　插入 CPU

③ 稍用力压 CPU 的对角，使之安装到位，最后压下底座旁的拉杆，直到听到"咔"的一声轻响即可，如图 8-6 所示。

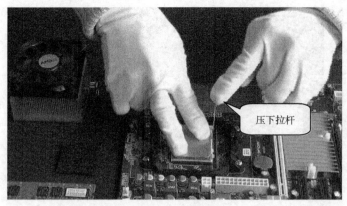

图 8-6 压下拉杆

（2）安装 CPU 风扇。

① 在 CPU 的核心上涂上散热硅胶，不需要太多，涂上一层就可以了，主要使 CPU 和散热器能接触良好，使 CPU 能稳定地工作。

② 先将 CPU 风扇平稳地放在 CPU 的核心上，如图 8-7 所示。

图 8-7 放置风扇

③ 把扣具的一端扣在 CPU 插槽的凸起位置，另一端也扣到对应的凸起位置，如图 8-8 所示。切忌不可用力过猛，否则会伤到 CPU 核心。

图 8-8 放下扣具

④ 将风扇电源线插入主板相应的接口，如图 8-9 所示。

图 8-9 插入电源线

8.3.2 安装内存条

在安装内存条时，一定要使其金手指缺口与主板上的内存插槽口的位置相对应，并且内存下面的两边是不对称的，在安装时一定要分清楚后再按下去。

（1）将内存插槽两侧的塑胶夹脚（通常也称为"保险栓"）往外侧扳动，使内存条能够插入，如图 8-10 所示。

图 8-10 扳动塑胶夹脚

（2）拿起内存条，然后将内存条引脚上的缺口对准内存插槽内的凸起，或者按照内存条的金手指边上标示的编号 1 的位置对准内存插槽中标示编号 1 的位置。

（3）最后稍微用力将内存条垂直地插到内存插槽并压紧，直到内存插槽两头的保险栓自动卡住内存条两侧的缺口，如图 8-11 所示。

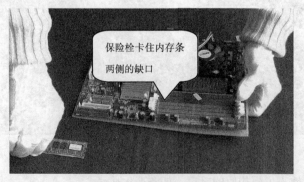

图 8-11 内存条安装完成

（4）安装第 2 根内存条，操作同上。但要注意安装第 2 根内存条时要选择与第 1 根内存条相同颜色的插槽。最终效果如图 8-12 所示。

图 8-12 双内存条安装完成

> 安装内存条时要小心，不要用力过猛，以免损坏线路。内存条上的引脚有两个凹槽，对应内存插槽上的两个凸起，所以方向容易确定。安装时把内存条对准插槽，均匀用力插到底就可以了，这时插槽两端的保险栓会自动卡住内存条。取下时，只要用力按下插槽两端的保险栓，内存就会被推出插槽。

8.3.3 安装主板

主板是计算机中非常重要的器件，它是其他所有配件的基本平台。下面将介绍主板的安装过程。

（1）安装机箱内的主板卡钉底座，并将其拧紧，如图 8-13 所示。

拧紧主板卡钉底座

图 8-13 安装主板卡钉底座

（2）依次检查各个卡钉位是否正确，如图 8-14 所示。

检查卡钉位

图 8-14 检查卡钉底座

（3）依次将硬盘灯（H.D.D LED）、电源灯（POWER LED）、复位开关（RESET SW）、电源开关（POWER SW）以及蜂鸣器（SPEAKER）前置面板连接线插到主板上相应的接口中，如图 8-15 和图 8-16 所示。

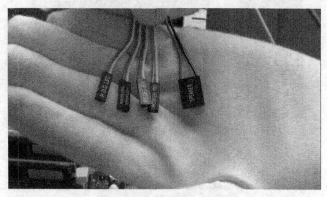

图 8-15　前置面板连接线

图 8-16　安装前置面板连接线

（4）安装前置 USB 连接线，如图 8-17 所示。安装完成后检查连接是否正确。

图 8-17　安装前置 USB 连接线

（5）安装前置音源连接线，如图 8-18 所示。安装完成后检查连接是否正确。

（6）将主板安装到机箱内，放入主板时注意尽量避免主板与机箱之间的碰撞，并将主板上的接口与后置挡板上的接口位对齐，如图 8-19 所示。

图 8-18 安装前置音源连接线

图 8-19 放入主板

（7）将主板固定在机箱内，尽量采用对角固定的方式安装螺钉，不要一次将螺钉拧紧，而应该在主板固定到位后依次拧紧各个螺钉，如图 8-20 所示。

图 8-20 固定主板

至此，主板安装完成。

8.3.4 安装光驱、硬盘

主板安装完成后，继续安装光驱、硬盘，如图 8-21 所示。

图 8-21 安装前的状态

（1）安装光驱。

① 拆除机箱正面的光驱外置挡板，如图8-22所示。

拆除光驱外置挡板

图8-22　拆除光驱外置挡板

要点
提示

不是所有的机箱都能从外部安装光驱，要依据机箱的结构而定。

② 将光驱安装到机箱内，如图8-23所示。

安装光驱

图8-23　安装光驱

③ 安装机箱正面的光驱外置挡板，如图8-24所示。

安装光驱外置挡板

图8-24　安装光驱外置挡板

④ 连接光驱与主板之间的数据线。注意数据线上的凸起与光驱和主板上的接口槽吻合，切忌强行插入，否则会导致硬件的损坏，如图8-25、图8-26和图8-27所示。

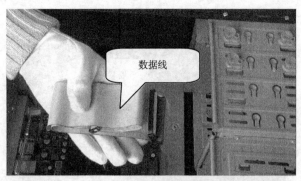

图 8-25　数据线

图 8-26　连接数据线

图 8-27　连接数据线的另一端

（2）安装硬盘。

① 安装硬盘自带的滑槽，如图 8-28 所示。

图 8-28　安装滑槽

② 将硬盘安装到机箱内，如图 8-29 所示。

图 8-29　安装硬盘

③ 连接硬盘和主板之间的数据线，如图 8-30 和图 8-31 所示。

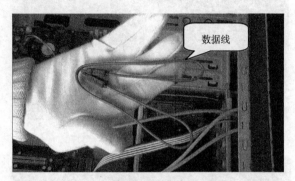

图 8-30　连接硬盘的数据线（1）

图 8-31　连接硬盘的数据线（2）

至此，硬盘安装完成。

8.3.5　安装显卡

计算机中有许多的适配卡，如显卡、声卡、网卡、MODEM 卡、电视卡、SCSI 接口卡和 IDE 接口卡，它们都是通过主板上的插槽与主板相连接的。其实这些适配卡的安装过程都大同小异，下面将以显卡的安装为例，让读者掌握适配卡的安装方法。

（1）将显卡安装到显卡插槽中，并将其接口与机箱后置挡板上的接口位对齐，如图 8-32 所示。

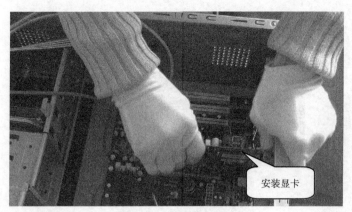

图 8-32　安装显卡（1）

（2）固定显卡，如图 8-33 所示。

图 8-33　安装显卡（2）

至此，显卡安装完成，如图 8-34 所示。

图 8-34　安装显卡（3）

　　网卡等其他计算机板卡的安装方法与显卡的安装方法基本相同，区别只是安装的插槽不同而已。目前的网卡大多为 PCI 插槽，图 8-35 所示为安装完成的网卡。读者可以参考安装显卡的方法安装网卡。

图 8-35　安装网卡

主板上的白色插槽是 PCI 插槽，还有一个棕色的是 AGP 插槽，是专门用来插 AGP 显示卡的。把显示卡以垂直于主板的方向插入 AGP 插槽中，用力适中并插到底部，以保证卡和插槽接触良好。

8.3.6　安装电源

（1）将电源放置入机箱内，如图 8-36 所示。

图 8-36　安装电源（1）

（2）用 4 个螺丝将电源固定在机箱的后面板上，如图 8-37 所示。

图 8-37　安装电源（2）

（3）连接主板上的 CPU 独立供电线路和主板上的电源线路，注意电源插座的正反面，如图 8-38 和图 8-39 所示。

图 8-38 CPU 连接电源接口

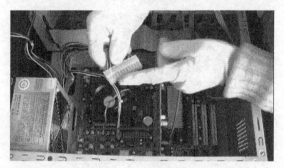

图 8-39 连接电源线

（4）连接光驱的电源线，如图 8-40 所示。

图 8-40 连接光驱的电源线

（5）连接硬盘的电源线，如图 8-41 和图 8-42 所示。

图 8-41 连接硬盘的电源线接口

至此，计算机主机安装完成，最终效果如图 8-43 所示。

图 8-42　连接硬盘的电源线

图 8-43　组装完成后的计算机

8.3.7　连接外围设备

主机安装完成以后，还需把显示器、鼠标、键盘、耳机和电源等外围设备同主机连接起来。下面介绍怎样把外围设备连接到机箱后置挡板的接口上。

（1）插接显示器与主机的数据线，安装好之后固定插头两旁的螺栓，如图 8-44 所示。

图 8-44　插接显示器

（2）插接鼠标的 PS/2 接口到机箱后置面板的绿色 PS/2 接口上，如图 8-45 所示。

图 8-45　插接鼠标

（3）插接键盘的 PS/2 接口到机箱后置面板的紫色 PS/2 接口上，如图 8-46 所示，此时的机箱后置面板如图 8-47 所示。

图 8-46　插接键盘

图 8-47　机箱后置面板连接效果

（4）插接耳机与计算机背部的音源接口，在插接时注意，主板音源的绿色插座是输出，即耳机的插口，红色插座是输入，即麦克风的插口，如图 8-48 所示。

图 8-48　插接耳机

（5）插接电源插座，插接时注意插座的正反面，效果如图 8-49 所示。

图 8-49　机箱后置面板连接效果

至此，一台完整的计算机组装完成，如图 8-50 所示。

图 8-50　组装完全的计算机

8.3.8　加电测试

计算机组装之后，要做的第一件事就是仔细地检查，在检查时主要针对如下几个方面。

（1）检查 CPU、风扇、电源是否接好。

（2）检查在安装的过程中是否有螺丝或者其他金属杂物遗落在主板上。这一点一定要仔细检查，否则很可能因为遗留金属物导致主板被烧毁。

（3）检查内存条的安装是否到位。

（4）检查所有的电源线、数据线和信号线是否已连接好。

如果测试没有问题，计算机硬件的安装就完成了。但要使计算机最终运行起来，还需要安装操作系统和驱动程序，这些内容将在后面的章节陆续介绍。

要点提示　　确认上述步骤中没有问题后，才可以让计算机接通电源，启动计算机。检查电源灯是否正常点亮，如果能点亮，并听到"滴"的一声，并且屏幕上显示自检信息，这表示计算机的硬件工作正常；如果不能点亮，就要根据报警的声音检查内存、显卡或者其他设备的安装是否正确。如果都无反应，需检查主板南北桥芯片和 CPU 风扇能否在通电的情况下加温，如果没有加温反应，则重新安装 CPU。

8.4　习题

1. 组装计算机前应该进行哪些准备工作？
2. 简述计算机组装的流程。
3. 为什么要先安装 CPU 和内存再安装主板？
4. 计算机安装后的初检应该注意哪些事项？

第9章
构建软件系统

搭建计算机硬件平台后，计算机的正常运行还需要软件系统的支持。在计算机中通常需要安装 Windows 7 操作系统、硬件驱动程序以及常用应用软件。本章将介绍在计算机硬件平台上搭建软件系统的方法和技巧。

【学习目标】
- 掌握 BIOS 的常用设置。
- 掌握操作系统的安装方法。
- 掌握驱动程序的安装方法。
- 掌握常用应用软件的安装方法。

9.1 BIOS 常用设置

BIOS 的管理功能在很大程度上决定了主板性能的优越性。不同类型主板的 BIOS 基本功能大致相同，但在设备管理功能的设置上具有一定的差异。

9.1.1 认识 BIOS

BIOS（Basic Input/Output System，基本输入/输出系统）是计算机中最基本、最重要的程序，它存储在一片不需要电源（掉电后不丢失数据）的存储体中。

1. BIOS 的类型

目前计算机中的 BIOS 主要有 3 种类型，即 Award BIOS、AMI BIOS 和 Phoenix BIOS。

（1）Award BIOS。Award BIOS 是由 Award Software 公司开发的 BIOS 程序，是目前主板中使用较为广泛的 BIOS 之一。该 BIOS 功能较为齐全，可支持许多新的硬件。

（2）AMI BIOS。AMI BIOS 是由 AMI 公司出品的 BIOS 产品，由于绿色节能计算机的普及，AMI 公司迟迟没能推出新的 BIOS 程序，使其市场占有率逐渐变少。

（3）Phoenix BIOS。Phoenix BIOS 是 Phoenix 公司开发的面向笔记本电脑的 BIOS 程序，其设置界面简洁易懂，便于用户进行设置和操作。

2. BIOS 的主要功能

BIOS 的管理功能主要包括 BIOS 系统设置程序、BIOS 中断服务程序、POST 上电自检程序以及 BIOS 系统自启程序。

（1）BIOS 系统设置程序。BIOS ROM 芯片中装有系统设置程序，主要用于设置 CMOS RAM 中的各项参数，并保存 CPU、软盘和硬盘驱动器等部件的基本信息，可在开机时按键盘上的某个键进入其设置状态。

（2）BIOS 中断服务程序。BIOS 中断服务程序实质上是计算机系统中软件与硬件之间的一个可编程接口，主要用于程序软件功能与硬件之间的连接。

（3）POST 上电自检程序。计算机接通电源后，系统首先由 POST 上电自检程序对计算机内部的各个设备进行检查。通常完整的 POST 自检将对 CPU、基本内存、扩展内存、主板、ROM BIOS、CMOS 存储器、并口、串口、显卡、软盘和硬盘子系统及键盘等进行测试。

（4）BIOS 系统自启程序。系统完成 POST 自检后，BIOS ROM 将首先按照系统 CMOS 设置中保存的启动顺序有效地启动设备，读入操作系统引导记录，然后将系统控制权交给引导记录，并由引导记录来完成系统的启动。

9.1.2 设置系统引导顺序

在计算机启动的时候，需要为计算机指定从哪个设备启动。例如，常见的启动方式有从硬盘启动、光盘启动和 U 盘启动等。在需要安装操作系统的时候，就要指定成从光盘或 U 盘启动。下面介绍把系统引导顺序设置成从光盘启动的方法。

（1）打开显示器电源开关。

（2）打开主机电源开关。

（3）启动计算机，BIOS 开始进行 POST 自检。由于现在的计算机运行速度非常快，所以从一开机就要不停地按 Del 键或 Delete 键。

（4）进入 BIOS 设置主菜单，如图 9-1 所示。

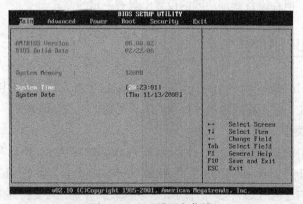

图 9-1 BIOS 设置主菜单

（5）用方向键选择【Boot】命令，进入图 9-2 所示的启动设置界面。

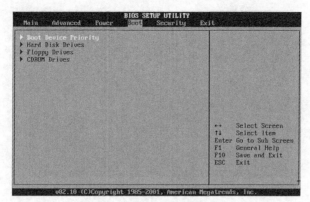

图 9-2　进入启动设置界面

（6）确保【Boot Device Priority】命令被选中，按 Enter 键进入图 9-3 所示的驱动器顺序设置界面。

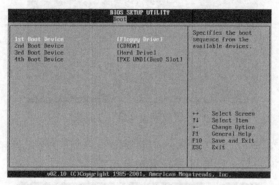

图 9-3　驱动器顺序设置界面

（7）确保【1st Boot Device】选项被选中，按 Enter 键打开图 9-4 所示的选择启动方式菜单，这里使用方向键选择【CDROM】命令。

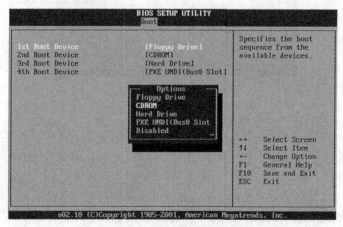

图 9-4　选择启动方式

（8）完成后，按 Enter 键返回驱动器顺序设置界面，此时【1st Boot Device】右边的值为【CDROM】，如图 9-5 所示。

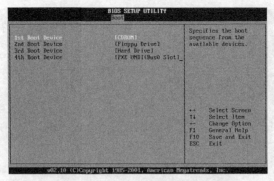

图 9-5　设置 CDROM 为第一启动设备

（9）使用同样的方法将【2nd Boot Device】选项右边的值设置为【Hard Drive】，如图 9-6 所示。

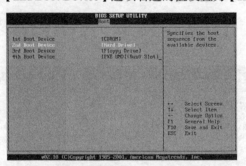

图 9-6　设置硬盘为第二启动设备

（10）至此，设置从光盘启动完成，按 F10 键弹出如图 9-7 所示的对话框，选择【OK】命令，然后按 Enter 键退出 BIOS 设置，计算机开始重新启动。

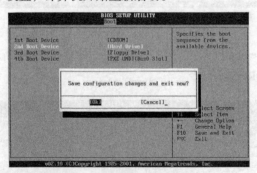

图 9-7　保存并退出对话框

要点
提示

　　一般情况下，应该将第一和第二启动设备都设置上，通常的设置是在【1st Boot Device】命令中将值设为【CDROM】，在【2nd Boot Device】命令中将值设为【Hard Drive】。

　　当需要从光盘启动时，只需要把光盘放入光驱即可。当光驱中没有启动光盘时，系统搜索会发现启动设备中没有启动光盘，就会寻找第二启动设备——主硬盘，启动进入操作系统。

　　这样设置的优点是不用反复修改 BIOS 设置就能选择从光盘启动还是从硬盘启动；缺点是系统每次启动时都要读光驱，增加了启动噪声，减少了光驱寿命。

9.2　安装 Windows 7 操作系统

基本的 BIOS 设置完成之后，下面就可以开始安装操作系统了。计算机要正常工作，就必须安装操作系统。操作系统（Operating System，OS）是一个管理计算机硬件与软件资源的程序，同时也是计算机系统的内核与基石。

9.2.1　安装前的准备

在安装之前，除了对 BIOS 进行设置外，用户还应该对硬盘的分区以及分区格式的相关知识进行学习，并了解安装操作系统的一般步骤。

1．常用的操作系统

目前，大多数家庭及普通办公用的计算机中安装的操作系统主要有 Windows 家族的 Windows XP、Windows 7 操作系统以及 Linux 操作系统和 UNIX 操作系统。其中 Linux 操作系统开放源代码，性能更稳定；UNIX 操作系统是一个强大的多用户、多任务操作系统，它们的操作界面如图 9-8 和图 9-9 所示。

图 9-8　Linux 操作界面

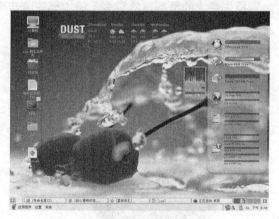

图 9-9　UNIX 操作界面

2．硬盘分区的基础知识

一块新的硬盘可以用一张白纸来形容，里面什么都没有。为了能够更好地使用它，需要先在"白纸"上划分出若干个小块，这个操作称为硬盘分区。

硬盘的分区主要有主分区、扩展分区和逻辑分区。

（1）主分区。要在硬盘上安装操作系统，则该硬盘必须有一个主分区，主分区中包含操作系统启动时所必需的文件和数据。

（2）扩展分区。扩展分区是除主分区以外的分区，但它不能直接使用，必须再将它划分为若干个逻辑分区才行。

（3）逻辑分区。逻辑分区也就是平常在操作系统中所看到的 D、E、F 等盘。这 3 种分区之间的关系示意图如图 9-10 所示。

3．分区格式简介

分区格式是指文件命名、存储和组织的总体结构，通常又被称为"文件系统格式"或"磁盘格式"。Windows 操作系统目前支持的分区格式主要有 FAT32 和 NTFS，Linux 则采用了 Ext、Swap 分区格式。

（1）FAT32 分区格式。

FAT32 曾经是使用最为广泛的分区格式，它采用 32bit 文件分配表，磁盘的空间管理能力大大增强，最大支持容量为 8GB 的硬盘。Windows 2000 和 Windows XP 等操作系统都支持这一磁盘分区格式，Linux Redhat 部分版本也对 FAT32 提供有限支持。

但这种分区格式由于文件分配表的扩大，运行速度比采用 FAT16 分区格式的磁盘要慢，特别是在 DOS 7.0 系统下性能差距更明显。同时，由于早期 DOS 不支持这种分区格式，所以早期的 DOS 系统无法访问使用 FAT32 格式分区的磁盘。

（2）NTFS 分区格式。

NTFS 是 Microsoft 为 Windows NT 操作系统设计的一种全新的分区格式，它的优点是安全性和稳定性极其出色，在使用中不易产生文件碎片。Windows 2000、Windows XP 和 Windows 7 等操作系统都支持这一磁盘分区格式，是目前应用最广泛的分区格式。

4．安装操作系统的主要步骤

操作系统的类型虽然很多，但主要安装步骤都具有相同之处，常见的安装步骤如图 9-11 所示。

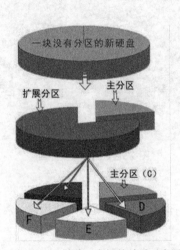

图 9-10　3 种分区之间的关系示意图

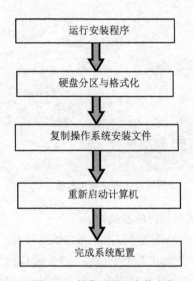

图 9-11　操作系统的安装步骤

9.2.2　使用光盘安装 Windows 7 系统

下面介绍在一个 60GB 硬盘上面安装 32 位 Windows 7 旗舰版操作系统的例子，其中 20GB 用于系统盘，40GB 用于文件盘。安装步骤如下。

（1）设置光盘为第一启动项，重启计算机。

（2）将 Windows 7 安装光盘放入光驱，引导系统将引导 Windows 7 进入安装界面，等待一段时间，直到出现 Windows 7 安装窗口，在【要安装的语言】下拉列表框选择【中文（简体）】选项，单击 下一步(N) 按钮，如图 9-12 所示。

图 9-12　Windows 7 安装界面

（3）出现安装窗口，单击 现在安装(I) 按钮，如图 9-13 所示。

（4）出现安装程序启动界面，如图 9-14 所示。

图 9-13　Windows7 安装界面

图 9-14　安装程序启动界面

（5）等待一段时间后，出现安装许可界面，首先单击选中 我接受许可条款(A) 复选框，然后单击 下一步(N) 按钮，如图 9-15 所示。

（6）出现安装类型选择界面，单击【自定义（高级）】选项，如图 9-16 所示。

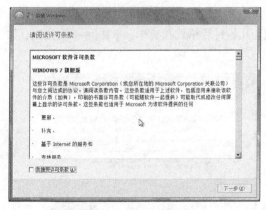

图 9-15　Windows7 许可界面

图 9-16　安装类型选择界面

（7）出现分区窗口，单击 驱动器选项(高级)(A) 选项，如图 9-17 所示。

（8）在安装窗口单击 新建(E) 选项，创建一个新的分区，如图 9-18 所示。

141

图 9-17　对硬盘分区

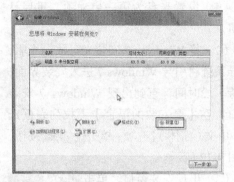

图 9-18　新建分区

（9）在出现的文本框输入 20480，然后单击 应用(P) 按钮，如图 9-19 所示。

（10）弹出额外空间分配警告窗口，单击 确定 按钮完成分区，如图 9-20 所示。

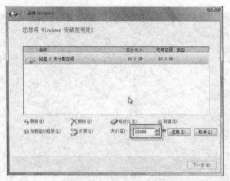

图 9-19　输入分区大小

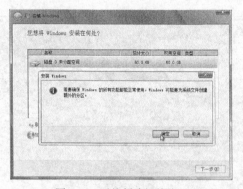

图 9-20　系统创建额外分区

要点
提示

　　文本框输入的是要分区的系统盘的大小，此处输入 20480 表示 20480MB 也就是 20GB，用户可以根据自己计算机硬盘容量调整系统盘的大小。

　　（11）出现分区结束窗口，一共 3 个分区，单击【磁盘 0 分区 2】选项，选择 19.9GB 的主分区，再单击 格式化(F) 选项，如图 9-21 所示。

　　（12）弹出格式化警告对话框，单击 确定 按钮，几秒钟后格式化完毕，单击 下一步(N) 按钮，如图 9-22 所示。

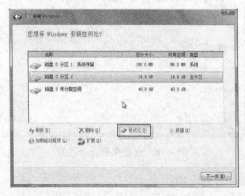

图 9-21　选择主分区

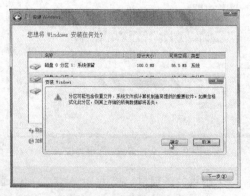

图 9-22　对硬盘的格式化

这里我们只需要先划分出用于安装操作系统的主分区即可，将扩展分区划分为逻辑分区的操作可以待操作系统安装完成后，使用 Windows 7 下的磁盘管理器功能来实现，更加方便快捷。

（13）出现 Windows 自动安装窗口，等待 Windows 7 复制文件及安装。安装过程中不要取出安装光盘，否则安装失败。如图 9-23 所示。

（14）安装更新后，计算机将会重启，此时可以取出光盘。如图 9-24 所示。

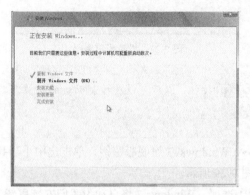

图 9-23　Windows 自动安装

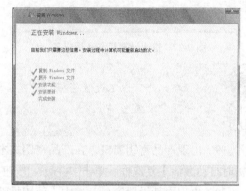

图 9-24　复制展开文件

（15）计算机重新启动后将看到漂亮的 Windows 7 启动界面，并进行注册表设置，如图 9-25 所示。

（16）注册表设置好以后，进入安装界面继续安装，如图 9-26 所示。

图 9-25　Windows7 开机设置

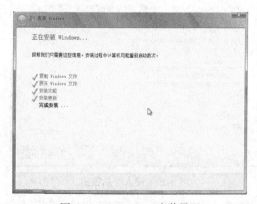

图 9-26　Windows 7 安装界面

（17）在安装过程中，计算机将重启多次，直到出现如图 9-27 所示的窗口，在【键入用户名】文本框中输入用户名，在【键入计算机名称】文本框中输入计算机名，再单击 下一步(N) 按钮。

（18）出现账户设置密码窗口，在【键入密码】文本框中输入密码，并在【再次键入密码】文本框中再次输入密码，在【键入密码提示】文本框填写密码提示，单击 下一步(N) 按钮，如图 9-28 所示。

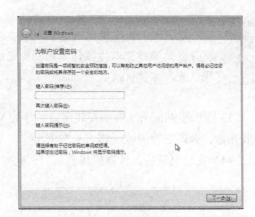

图 9-27　键入计算机名和用户名　　　　　　　　　图 9-28　设置账户密码

　　　　在此处可以不设置密码，而直接单击 下一步(N) 按钮，以后可以在控制面板的用户账户管理中设置密码。

　　（19）出现产品密钥窗口，在产品密钥文本框输入 Windows 7 旗舰版密钥，单击选中【当我联机时自动激活】复选框，单击 下一步(N) 按钮，如图 9-29 所示。

　　（20）出现更新设置窗口，选中【使用推荐设置】选项，Windows 7 将自动为我们安装更新，如图 9-30 所示。

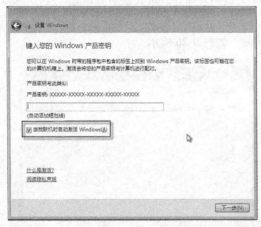

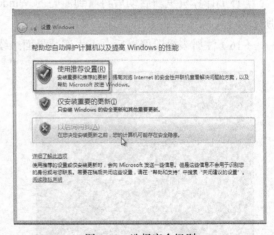

图 9-29　键入产品密钥　　　　　　　　　　　　图 9-30　选择安全级别

　　　　在此处可以不输入产品密钥，而直接单击 下一步(N) 按钮，这样将会安装试用版本，可以在安装好后再输入密钥激活。

　　（21）出现时间设置窗口，在【市区】下拉列表选择"（UTC+08:00）北京"选项，【日期】栏设置日期，【时间】文本框中输入时间。单击 下一步(N) 按钮，如图 9-31 所示。

　　（22）出现网络设置窗口，根据不同的地方选择所需网络，这里选择【家庭网络】选项。如图 9-32 所示。

图 9-31 设置系统时间

图 9-32 选择网络位置

（23）出现欢迎界面，完成 Windows 7 基本设置，如图 9-33 所示。

（24）几十秒后，出现 Windows 7 桌面，完成 Windows 7 安装，如图 9-34 所示。

图 9-33 Windows 7 欢迎界面

图 9-34 Windows 7 的桌面

9.2.3 使用 U 盘安装 Windows 7 系统

使用 U 盘安装 Windows 7 主要适用于没有光驱的情况，安装前必须准备好以下材料。

● 一个格式化后的容量大于 3GB 的 U 盘。

● 支持 USB 启动方式的计算机一台（计算机 A）。

● 一台已安装 Windows 操作系统的计算机（计算机 B）。

● UltraISO 软件。

● Windows 7 镜像文件。

① 在制作启动 U 盘前，一定要将 U 盘数据备份，因为我们安装时需将 U 盘格式化，会清除 U 盘的所有原始数据。

② UltraISO 软件（EXE）和 Windows 7 安装镜像（ISO）可以在相关网站下载。

本例是在计算机 A 上面通过 U 盘安装 Windows 7 操纵系统，首先要在计算机 B 上制作启动 U

盘。操作步骤如下。

（1）将软件 UltraISO 安装在计算机 B 上，双击桌面上的 UltraISO 图标，如图 9-35 所示。

（2）弹出 UltraISO 窗口，在菜单栏单击【文件】选项，在弹出的快捷菜单上单击【打开】选项，如图 9-36 所示。

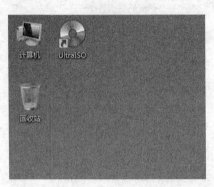

图 9-35　UltraISO 图标

图 9-36　UltraISO 窗口

　如果计算机 B 使用 Windows 7 或更高系统，此处需右键单击 UltraISO 图标，在弹出的快捷菜单上单击【以管理员身份运行】选项。否则在后面步骤会弹出错误提示。

（3）弹出打开文件窗口，找到准备好的 Windows 7 镜像文件，然后双击该文件，如图 9-37 所示。

图 9-37　打开 ISO 镜像文件

（4）UltraISO 软件将出现有关 Windows 7 的一些系统安装文件信息，如图 9-38 所示。

（5）在菜单栏单击【启动光盘】选项，在弹出的快捷菜单中单击【写入硬盘映像】选项，如图 9-39 所示。

（6）弹出写入硬盘映像对话框，在【写入方式】下拉菜单中单击【USB-HDD】选项，如图 9-40 所示。

（7）在写入硬盘映像中单击　写入　按钮，如图 9-41 所示。

图 9-38　Windows 安装镜像文件信息

图 9-39　写入硬盘映像

图 9-40　选择写入方式

图 9-41　确认写入方式

（8）弹出一个提示窗口，检查【驱动器】是否为 U 盘，确认后，单击 是(Y) 按钮，如图 9-42 所示。

（9）软件将自动开始制作启动 U 盘，写入硬盘映像窗口下方显示制作进度。如图 9-43 所示。

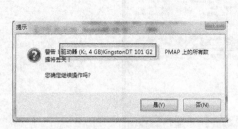

图 9-42　提示窗口

图 9-43　正在制作启动盘

此处一定要核对要写入的驱动器是否为自己的 U 盘，因为写入前会将用户指定的驱动器格式化，误操作可能会格式化其他驱动盘的数据。

（K：4GB）表示驱动器号为 K，容量为 4GB。

（10）一段时间后，如果【消息】框提示刻录成功，说明启动 U 盘制作成功。如图 9-44 所示。

（11）将 U 盘从计算机 B 取出，插入计算机 A 的 USB 插孔，启动计算机 A 首先设置 USB 为第一启动，重启计算机 A 后计算机将通过 U 盘启动，如图 9-45 所示。

图 9-44　启动盘刻录成功

图 9-45　成功从 U 盘引导

如果看不到图 9-44 所示界面，而上方【消息】文本框提示【刻录成功！】，可以检查一下 U 盘是否插入或者开机引导是否设置正确。

（12）通过 U 盘成功引导后，会出现和光盘一样的安装界面，后面的操作和光盘安装方式一样，如图 9-46 所示。

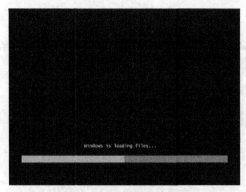

图 9-46　Windows 7 加载文件

9.2.4　使用 Windows 7 磁盘管理器新建分区

使用 Windows 7 的磁盘管理器功能可以帮助用户新建更多的分区，其主要步骤如下。

（1）在桌面上右键单击"计算机"图标，在弹出的快捷菜单中选择【管理】命令，打开【计算机管理】窗口，然后选择左边的【磁盘管理】选项，打开磁盘管理界面，如图 9-47 所示。

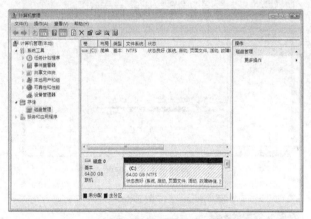

图 9-47　磁盘管理界面

（2）右键单击窗口中的 C 盘，在弹出的快捷菜单中选择【压缩卷】命令，弹出【压缩 C:】对话框，如图 9-48 所示。

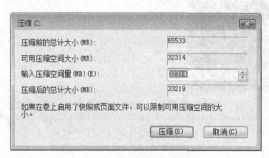

图 9-48　【压缩 C:】对话框

（3）单击 压缩(S) 按钮，系统将自动压缩 C 盘，并将 C 盘中未分配的空间划分出来，如图 9-49

所示。

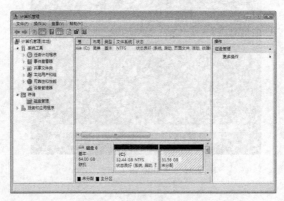

图 9-49　划出未分配的空间

（4）右键单击未分配的空间，如图 9-50 所示，在弹出的快捷菜单中选择【新建简单卷】命令，弹出【新建简单卷向导】对话框，如图 9-51 所示。

图 9-50　右键单击未分配的空间

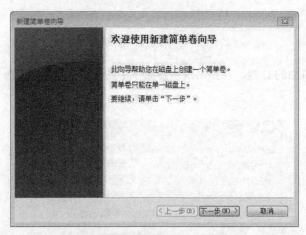

图 9-51　【新建简单卷向导】对话框

（5）单击下一步(N)按钮，进入【指定卷大小】向导界面，在【简单卷大小】文本框中输入新建磁盘分区的大小，如图 9-52 所示。

（6）单击 下一步(N) 按钮，进入【分配驱动器号和路径】向导界面，为磁盘分区分配驱动器号，如图 9-53 所示。

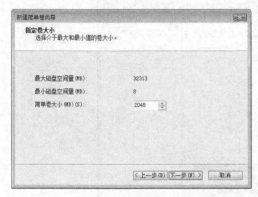

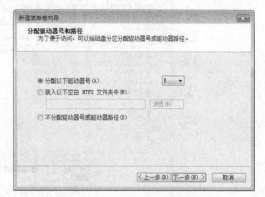

图 9-52 设置卷大小 　　　　　　　　　　　　　　图 9-53 分配驱动器号

（7）单击 下一步(N) 按钮，进入【格式化分区】向导界面，用户可选择是否格式化这个卷，最终设置效果如图 9-54 所示。

（8）单击 下一步(N) 按钮，完成新建简单卷向导，如图 9-55 所示。

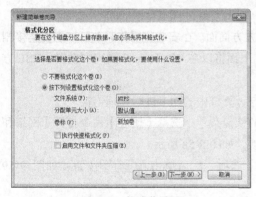

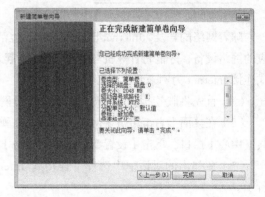

图 9-54 格式化设置 　　　　　　　　　　　　　　图 9-55 完成向导

（9）单击 完成 按钮，计算机将新建磁盘分区并将其格式化，如图 9-56 所示。

图 9-56 格式化分区

（10）格式化完成后，便创建了新的分区，如图 9-57 所示。

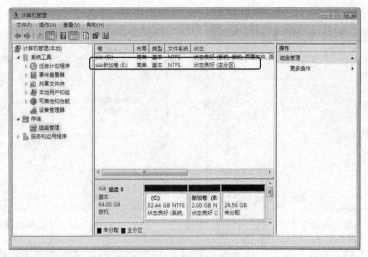

图 9-57　新建的分区

9.2.5　网络连接设置

随着网络的普及，Internet 已经触及人们生活的方方面面。在安装完操作系统后，需要连接相应的网络设备，才能将计算机与 Internet 连接起来。下面将以在 Windows 7 系统中设置 ADSL 方式连接 Internet 为例来介绍网络的连接。

（1）首先将服务商提供的调制解调器通过网线与计算机中的网卡进行物理连接。

（2）在桌面上右键单击【网络】图标，在弹出的快捷菜单中选择【属性】命令打开【网络和共享中心】窗口，单击【设置新的连接或网络】选项，如图 9-58 所示。

（3）在弹出的对话框中选择【连接到 Internet】选项，然后单击 下一步(N) 按钮，如图 9-59 所示。

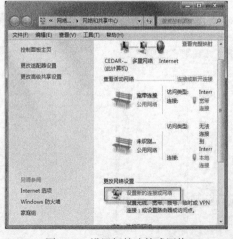

图 9-58　设置新的连接或网络

图 9-59　选择【连接到 Internet】选项

（4）在弹出的窗口中选取【宽带（PPPoE）（R）】选项，如图 9-60 所示。

（5）在弹出的窗口中选取电信部门提供的 ADSL 用户名和密码，然后单击 连接(C) 按钮，如图 9-61 所示。

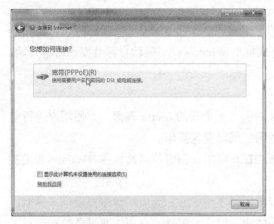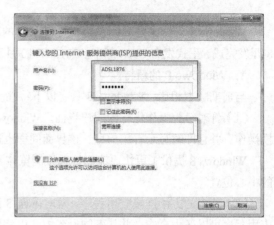

图 9-60 选中连接类型	图 9-61 输入用户名和密码

（6）连接成功后，在系统通知托盘区域单击【网络】图标，可以看到新建的连接，单击选中该连接，然后单击 连接(C) 按钮，如图 9-62 所示。

（7）在弹出【连接 宽带连接】对话框中输入用户名和密码，单击 连接(C) 按钮即可连接到网络，如图 9-63 所示。

图 9-62 连接到网络	图 9-63 【连接 宽带连接】对话框

　　如果在图 9-61 中选中【记住此密码】复选框，则在打开图 9-63 所示的对话框时会自动填写用户名和密码，用户只需要单击 连接(C) 按钮即可。连接成功后，通知区的网络图标将变为 。

9.3 安装 Windows 8 操作系统

　　Windows 8 是由微软公司开发的具有革命性变化的操作系统。该系统旨在让人们的日常计算机操作更加简单和快捷，为人们提供高效易行的工作环境。

9.3.1　Windows 8 简介

Windows 8 支持来自 Intel、AMD 和 ARM 的芯片架构。2012 年 8 月 2 日，微软宣布 Windows 8 开发完成，正式发布 RTM 版本。2012 年 10 月正式推出 Windows 8，微软自称触摸革命将开始。

1．Windows 8 的新特性

与前期版本相比，Windows 8 具有以下特性。

（1）针对触控操作优化的用户界面。Windows 8 引入了全新的 Metro 界面，方便用户进行触摸操作，并且即时显示有用信息，该界面同样也适用于鼠标键盘操作。

Windows 8 提供了更快更流畅地触控浏览体验，IE10 将用户浏览的网站放在 Windows 8 设备的中心位置。

（2）更多的方法连接应用程序。Windows 8 以应用程序为中心，为应用程序提供全屏界面。应用程序可以通力合作，并从不同设备上获得相同体验，照片、邮件、日历、通讯录等在设备上可以时刻保持内容更新。

（3）性能增强。Windows 8 在 Windows 7 的基础上在性能、安全性、隐私性、系统稳定性方面都取得了长足的进步，减少了内存占用，为应用程序运行提供更大空间，即使在最低端的硬件设备上也能流畅运行，所有能在 Windows 7 上运行的程序都可以在 Windows 8 上运行。

Windows 8 允许开发人员使用现有的语言进行编程，支持 C、C++、C#、VB、HTML 和 CSS、JavaScript 和 XAML 等。

（4）新一代硬件。Windows 8 支持 ARM 芯片组、X86 架构设备，从 10 英寸的平板机到 27 英寸的高清屏设备，Windows 8 都能正常运行。Windows 8 兼容现有的 Windows 7 PC，兼容现有的应用程序。

2．Windows 8 的配置要求

Windows 8 的最低配置要求和推荐配置要求分别如表 9-1 和表 9-2 所示。

表 9-1　　　　　　　　　　　　　　　Windows 8 的最低配置要求

硬　　件	配　置　要　求
CPU	1 GHz 32 位或者 64 位处理器
内存	1 GB 及以上
硬盘	16GB 以上(主分区，NTFS 格式)
显卡	支持 DirectX 9 128M 及以上(开启 AERO 效果)
显示器	要求分辨率在 1024 像素×768 像素及以上

表 9-2　　　　　　　　　　　　　　　Windows 8 推荐配置

硬　　件	配　置　要　求
CPU	2.0 GHz 64 位处理器
内存	2 GB 以上
硬盘	40GB 以上(主分区，NTFS 格式)
显卡	支持 DirectX 11 512M 以上

9.3.2　安装过程

安装 Windows 8 操作系统需要准备下面两项：

● 带光驱的计算机一台。

● Windows 8 安装盘一张。

安装步骤如下。

（1）设置光盘为第一启动项，重启计算机，将 Windows 8 安装光盘放入光驱，引导系统将引导 Windows 8 进入安装启动界面，如图 9-64 所示。

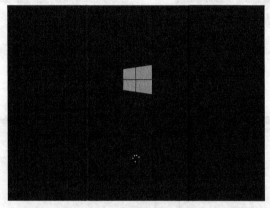

图 9-64　Windows 8 启动界面

（2）出现安装 Windows 8 安装窗口，在【要安装的语言】下拉框选择【中文（简体，中国）】选项，在【时间和货币格式】下拉框选择【中文（简体，中国）】选项，在【键盘和输入方式】下拉框选择【微软拼音简捷】选项，单击 下一步(N) 按钮，如图 9-65 所示。

（3）出现安装窗口，单击 现在安装(I) 按钮，如图 9-66 所示。

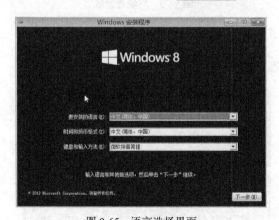

图 9-65　语言选择界面

图 9-66　安装界面

（4）出现安装程序启动窗口，如图 9-67 所示。

（5）等待一段时间后，出现安装许可窗口，首先单击选中 □我接受许可条款(A) 复选框，然后单击 下一步(N) 按钮，如图 9-68 所示。

图9-67　安装启动界面

图9-68　许可条款

（6）出现安装类型选择窗口，单击【自定义：仅安装 Windows（高级）】选项，如图 9-69 所示。

（7）出现分区窗口，单击 驱动器选项(高级)(A) 选项，如图 9-70 所示。

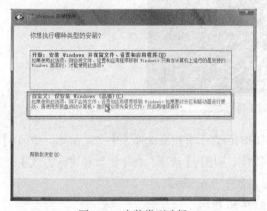

图9-69　安装类型选择

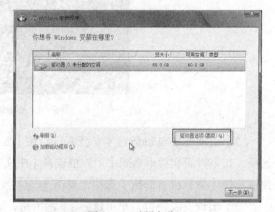

图9-70　对硬盘分区

（8）在安装窗口单击 ✳ 新建(E) 选项，创建一个新的分区，如图 9-71 所示。

（9）在出现的文本框输入 20480，单击 应用(E) 按钮，如图 9-72 所示。

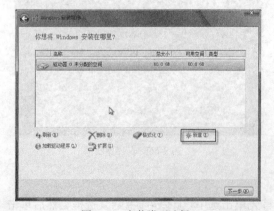

图9-71　安装类型选择

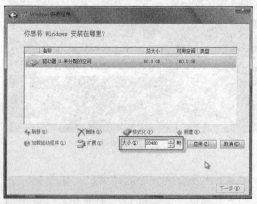

图9-72　对硬盘分区

文本框输入的是要分区的系统盘的大小，此处输入 20480 表示 20480MB 也就是 20GB，用户可以根据自己计算机硬盘容量调整系统盘的大小。

（10）弹出额外空间分配警告窗口，单击 确定 按钮完成分区，如图 9-73 所示。

（11）出现分区结束窗口，一共 3 个分区，单击【磁盘 0 分区 2】选项，选择 19.7GB 的主分区，再单击 格式化(F) 选项，如图 9-74 所示。

图 9-73　额外分区警告

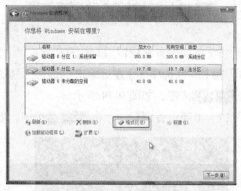

图 9-74　对硬盘格式化

　　此处有 3 个分区，第 1 个分区 1 是系统保留分区，第 2 个分区 2 是安装 Windows 8 的系统分区，第 3 个未分配的空间将在安装完 Windows 8 后再分配。

（12）弹出格式化警告对话框，单击【确定】按钮，几秒钟后格式化完毕，单击 下一步(N)，如图 9-75 所示。

（13）出现 Windows 自动安装窗口，等待 Windows 8 复制文件及安装。安装过程中不要取出安装光盘，否则安装失败。如图 9-76 所示。

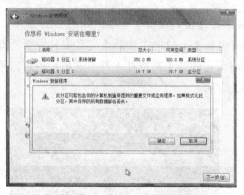

图 9-75　格式化分区警告

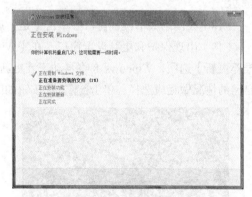

图 9-76　复制文件

（14）安装更新后，计算机将会重启，此时可以取出光盘。如图 9-77 所示。

（15）计算机重新启动后将看到 Windows 8 启动界面，并进行各项设置，这可能要等待几分钟，如图 9-78 所示。

图 9-77　重启提示

图 9-78　准备设置

（16）各项设置完成以后，计算机将会再次重启，等待几十秒后，出现 Windows 个性化设置窗口，在【颜色选项框】左键单击挑选自己喜欢的颜色，在【电脑名称】文本框输入计算机名称，单击 下一步(N) 按钮，如图 9-79 所示。

（17）出现设置窗口，单击 自定义(C) 按钮，如图 9-80 所示。

图 9-79　个性化

图 9-80　设置

要点
提示

此处也可以单击 使用快速设置(E) 按钮，那么将直接跳转到图 9-87 所示窗口，可以在安装完 Windows 8 后再进行设置。

（18）在网络共享设置窗口中单击【是，启用共享并连接到设备】选项，如图 9-81 所示。

（19）出现保护和更新设置窗口，在【Windows 更新】下拉框中选择【自动安装重要更新和推荐更新】选项，Windows 8 将自动安装更新，下面所有的开关都选择【开】选项，也可以根据自己的情况做相应选择，单击 下一步(N) 按钮如图 9-82 所示。

图 9-81　网络共享设置

图 9-82　保护和更新

（20）出现改善 Windows 窗口，这里都默认为【关】选项，可以根据自己的情况做相应选择，单击 下一步(N)按钮，如图 9-83 所示。

（21）出现问题解决办法窗口，这里都默认为【开】选项，可以根据自己的情况做相应选择，单击 下一步(N)按钮，如图 9-84 所示。

图 9-83　改善 Windows

图 9-84　问题解决办法

（22）出现【登录到电脑】界面，在【电子邮件地址】文本框输入自己的电子邮件，然后单击 下一步(N)按钮，如图 9-85 所示。

（23）出现检查账户窗口，检查结束后，输入 Windows 邮箱密码，单击 下一步(N)按钮，如图 9-86 所示。

图 9-85　登录到电脑

图 9-86　检查账户

（24）邮箱账户验证通过后，Windows 8 开始安装应用及系统设置，这需要等待几分钟，如图 9-87 所示。

图 9-87　检查账户

（25）几十秒后，出现 Windows 8 桌面，完成 Windows 8 安装。如图 9-88 所示。

图 9-88　Windows 8 桌面

9.4　安装和管理应用程序

一台计算机上如果没有安装应用程序，其主要功能将大大受限。应用程序能拓展计算机的应用领域，增强计算机的功能。

9.4.1　安装应用程序

在 Windows 操作系统平台上能够安装种类丰富的应用程序，每个应用程序的安装过程虽然不尽相同，但是通常需要经历以下几个重要环节。

- 双击软件的安装文件，安装文件的名称一般为 setup.exe 或 install.exe。
- 选择是否接受有关的协议。一般情况下，用户都应选择同意协议。
- 输入用户信息，包括用户名和所在单位名称等。
- 输入软件的安装密钥。
- 确定软件的安装目录。
- 确定软件的安装方式和安装规模。
- 安装程序复制文件。
- 确定是否进行软件注册。

　　安装应用程序并不是将程序简单地复制到硬盘上即可，而是要把程序"绑定"到 Windows 中，安装过程中需要设置必要的参数，Windows 还要将相关信息记录下来。

下面以在计算机上安装 QQ 软件为例说明应用程序的安装过程。

（1）从腾讯官方网站下载 QQ 程序，应用程序包如图 9-89 所示。

（2）双击该程序包，启动安装程序，系统弹出【用户账户控制】对话框，单击 是(Y) 按钮继续安装，如图 9-90 所示。

图 9-89　下载的 QQ 应用程序包

图 9-90　【用户账户控制】对话框

　　　　本例的安装包比较简单，只包含一个文件。对于某些工具软件和大型程序来说，安装软件中会包含许多文件，其中的安装程序名通常为 Setup.exe 或 Install.exe，双击该文件即可进行安装操作了。

（3）安装程序开始检测安装环境，如图 9-91 所示。

（4）在【安装向导】对话框，选中【我已阅读并同意软件许可协议和青少年上网安全指引】复选框，然后单击 下一步(N) 按钮，如图 9-92 所示。

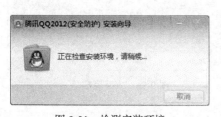

图 9-91　检测安装环境

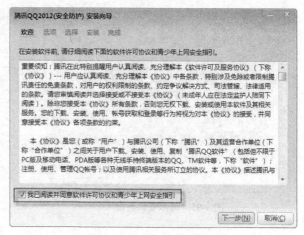

图 9-92　【安装向导】对话框

（5）在打开的窗口中选取需要安装的软件选项以及创建快捷图标的位置，然后单击 下一步(N) 按钮，如图 9-93 所示。

　　　　现在很多软件在安装时都会安装一些附加软件，如图 9-93 所示，这些选项在默认状态下都处于选中状态，如果用户不需要安装这些软件，可以手动将其取消。

（6）在弹出的窗口中设置程序的安装路径（即在磁盘上的具体安装位置）和个人文件夹的保存位置，然后单击 安装(I) 按钮，如图 9-94 所示。

> 默认情况下，系统通常将应用程序安装在"C：\Program Files"目录下。但是为了不增大系统盘的开销，建议将程序安装在其他分区中，这时只需要将"C:"改为"D:"或"F:"即可。并且还建议最好将所有应用程序集中安装在同一分区中，以方便管理。

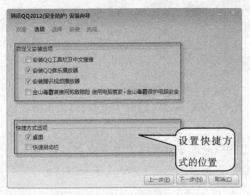

图 9-93　选取安装的软件

图 9-94　设置安装路径和个人文件夹

（7）安装程序开始安装软件，并显示安装进度，如图 9-95 所示。

（8）安装完成后，选择是否开机时运行 QQ 程序或立即运行程序选项等，最后单击 完成(F) 按钮完成安装过程，如图 9-96 所示。

图 9-95　显示安装进度

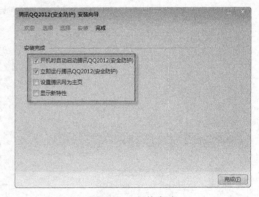

图 9-96　安装完成

9.4.2　软件安装技巧

在软件的安装过程中都会为用户提供许多提示信息，以帮助用户快速、顺利地安装软件。许多用户在安装过程中往往会忽略这些提示信息，而给计算机和软件的正常使用带来问题。

1．安装路径的选择

安装路径的选择可分为保持默认安装路径和新建安装路径两种。

（1）默认安装路径。一般的应用软件在安装过程中都会将软件的安装路径默认为"C:\Program

Files\ ***"，如果直接单击 `下一步` 按钮继续安装软件。这样的安装方式可能会出现以下的问题。

● 随着大量软件的安装，C 盘的剩余空间将会越来越小，同时由于大量软件在 C 盘安装和卸载，将导致 Windows 的启动和运行速度越来越慢。

● 重装系统之后，用户之前安装的软件都将被删除，很多软件都需要重新安装，非常不便。

● 重装系统之后，依照用户习惯进行的设置都将被删除，这会给许多对各个常用软件都进行了自定义设置的用户带来麻烦。

（2）新建安装路径。用户可以自定义安装路径，这样可以避免默认安装带来的问题，同时又可以加强对应用软件的管理。在软件的安装过程中，用户可将输入法、杀毒软件安装在 C 盘，一般的应用软件安装在 C 盘以外的目录下面，如 D 盘。

> 把软件安装到其他盘后，如果重装系统，许多软件尤其是绿色软件都还能够正常使用。即使需要重新安装该软件，只要选择与以前相同的安装路径，用户做过的设置将重新生效，这点对于使用 Photoshop、Dreamweaver、遨游浏览器等软件的用户非常有用。

2．安装类型的选择

一般来说，当用户安装一个大型软件的时候，会有典型安装、完全安装、最小安装以及自定义安装这几种安装类型供用户选择。

（1）典型安装。这是一般软件的推荐安装类型，选择这种安装类型后，安装程序将自动为用户安装最常用的选项。它是为初级用户提供的最简单的安装方式，用户只需保持安装向导中的默认设置，逐步完成安装即可。用这种方式安装的软件可以实现各种最基本、最常见的功能。

（2）完全安装。选择这种安装类型之后，安装程序会把软件的所有组件都安装到用户的计算机上，能完全涵盖软件的所有功能，但它需要的磁盘空间最多。如果选择了完全安装，那么就能够一步到位，省去日后使用某些功能组件的时候需另行安装的麻烦。

（3）最小安装。在用户磁盘空间比较紧张时，可使用这种安装类型。最小安装只安装运行此软件所必需的部分，用户在以后的使用过程中如果需要某些特定的功能，则需要重新安装或升级软件。

（4）自定义安装。选择这种安装类型之后，安装程序将会向用户提供一个安装列表，用户可以根据自己的需要来选择需要安装的项目。这样既可以避免安装不需要的组件，节省磁盘空间，又能够实现用户需要的功能。

3．附带软件的选择

大多数应用软件在安装过程中都会附带一些其他软件的安装。这里面包括很多恶意程序和流氓软件，一旦装上后很难彻底卸载。所以用户在安装过程中一定要注意附带软件的选择，如果不确定软件的性质，建议就不要安装这些插件。

4．软件安装的注意事项

软件的安装需要注意以下事项。

（1）是否已经安装过该软件。用户在安装应用软件的时候，要注意以前是否安装过该软件，如果安装过，建议将该软件以前的版本卸载干净后再安装，以防安装出错。如果想同时安装同一个软件的不同版本，在安装时要注意安装路径的选择，不要在安装过程中覆盖了已安装的版本。

（2）是否会发生软件冲突。所谓软件冲突是指两个或多个软件在同时运行时程序可能出现的冲突，导致其中一个软件或两个软件都不能正常工作，特别是一些杀毒软件，如果重复安装，很容易导致软件冲突，使计算机系统崩溃。

用户在安装软件前要检查计算机内是否已经安装了同类型的软件；认真阅读软件许可协议说明书，它会明确指出会与哪些软件发生软件冲突；注意在软件安装过程中出现的提示信息或警告信息。如发现软件冲突，建议安装其他的版本或删除与其发生冲突的软件。

（3）是否是绿色版软件。由于软件技术的飞速发展和人们对软件的要求越来越高，绿色软件应运而生。绿色软件不需要安装，双击启动图标就可运行，可以避免安装某些恶意捆绑的软件。绿色软件具有体积小、功能强、安全性比较高、对操作系统无污染以及占用内存小等优点。

9.4.3 管理应用程序

通过 Windows 7 的【程序和功能】窗口可以查看系统中已经安装的所有应用程序，还可对选定的程序进行修复和卸载等操作。

（1）在【开始】菜单中选取【控制面板】选项打开【控制面板】窗口，使用【类别】查看方式，如图 9-97 所示。

（2）如图 9-98 所示，单击【程序】选项打开【程序】窗口，然后单击【程序和功能】选项，如图 9-99 所示。

图 9-97 【控制面板】窗口

图 9-98 启动【程序】命令

（3）在打开的【程序和功能】窗口中可以查看当前已经安装的所有应用程序，如图 9-100 所示。

（4）如图 9-101 所示，选中应用程序（例如 QQ 游戏）后，单击 卸载/更改 按钮，随后打开卸载程序窗口，如图 9-102 所示（对于不同的程序，弹出的窗口可能不同），单击 卸载(U) 按钮开始卸载程序。

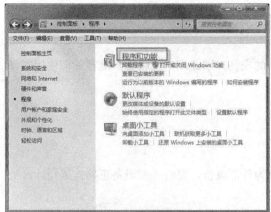

图 9-99　启动【程序和功能】命令

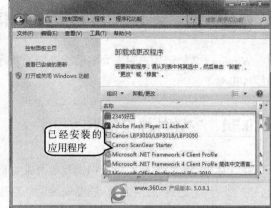

图 9-100　【程序管理】窗口

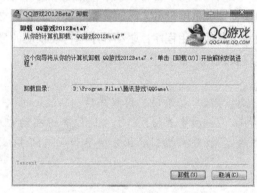

图 9-101　启动【卸载】命令

图 9-102　卸载程序

（5）卸载完成后弹出如图 9-103 所示的对话框，单击 完成(F) 按钮完成程序卸载，返回程序窗口可以看到程序列表中已经没有 "QQ 游戏" 程序了，如图 9-104 所示（与图 9-101 对比）。

图 9-103　卸载完成

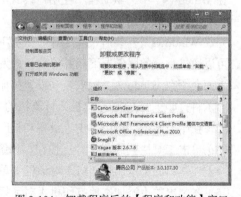

图 9-104　卸载程序后的【程序和功能】窗口

　　当某个应用程序不再使用时，应该将其从系统中卸载（移除），这样可以节省磁盘空间，节省系统资源。卸载程序不是简单地把安装在硬盘上的文件删除，还要删除系统注册表中的注册信息以及【开始】菜单或任务栏中的快捷方式或图标等。

9.5 安装硬件设备驱动程序

Windows 7 能帮用户完成大多数设备驱动程序的安装，因此用户应将重点放在如何使用和管理硬件设备上。

9.5.1 安装外部设备驱动程序

在计算机上连接的打印机、扫描仪等通常被称为外部设备。要将外部设备正确连接到计算机上，除了硬件上的线路连接外，还要安装驱动程序。

1. 认识驱动程序

驱动程序是一种特殊程序，相当于硬件的接口，操作系统通过这个接口访问硬件设备。有了驱动程序，外围设备才能跟操作系统之间正常交流和沟通，同时也能最大限度发挥硬件的功能。相对于其他应用程序，驱动程序运行在系统的最底层，将用户发给计算机的指令传给硬件设备，最终实现用户希望进行的操作。

> 在启动应用程序后，Windows 将通过主板驱动程序来协调 CPU、芯片组、硬盘和内存协同工作；通过声卡驱动程序来控制声卡输出音量的大小；通过显卡驱动程序来控制屏幕分辨率和刷新频率；通过外设驱动程序接收来自鼠标和键盘的输入信息。

2. Windows 7 对驱动程序的管理

与 Windows 其他早期版本相比，Windows 7 在驱动程序的管理上有了非常大的改进，这不仅增加了系统运行的稳定性，还简化了用户的操作。

在 Windows 7 中，驱动程序在用户模式下加载，如果用户手动安装设备驱动程序，一般不需要重新启动系统即可正常使用设备。

完成 Windows 7 安装后，只要用户安装好网卡驱动程序，利用系统的 Windows Update 检查更新，可以通过微软的服务器下载并安装新近发布的设备驱动程序。

下面介绍在 Windows 7 中安装和设置打印机的方法。

（1）将打印机的 USB 接口插入计算机的 USB 接口中，并接通电源。

（2）在【开始】菜单中单击【设备和打印机】选项打开【设备和打印机】窗口。

（3）单击工具栏上的 添加打印机 按钮，如图 9-105 所示。

（4）在弹出的【添加打印机】对话框中单击【添加本地打印机】选项，如图 9-106 所示。

（5）在弹出的【添加本地打印机】对话框中选取打印机端口，如图 9-107 所示，目前大多数打印机都是 USB 端口，然后单击 下一步(N) 按钮。

（6）从打开的【安装打印机驱动程序】列表中选取正确的打印机厂商和打印机型号（例如 Cannon LBP3010），然后单击 下一步(N) 按钮，如图 9-108 所示。

图 9-105　添加打印机

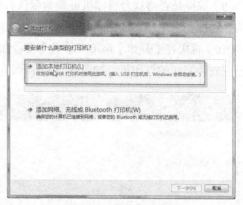

图 9-106　添加本地打印机

图 9-107　选取接口

图 9-108　选取打印机品牌和型号

要点提示

　　如果列表中没有当前安装的打印机信息，则单击 从磁盘安装(H)... 按钮，再选取打印机驱动程序所在的路径。不过 Windows 7 收集了大部分打印机的驱动程序，能满足大多数打印机的安装要求。

（7）在图 9-109 中输入打印机名称，然后单击 下一步(N) 按钮。
（8）系统开始安装驱动程序，如图 9-110 所示。

图 9-109　设置打印机名称

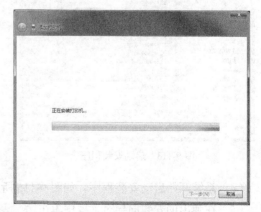

图 9-110　安装打印机

167

（9）选择是否将这台打印机设置为默认打印机，单击 [打印测试页(P)] 按钮打印测试页，测试打印机是否能正常工作，如图9-111所示。最后单击 [完成(F)] 按钮完成打印机的安装。

（10）再次在【开始】菜单中单击【设备和打印机】选项打开【设备和打印机】窗口，可以看到刚刚安装完成的打印机，如图9-112所示。

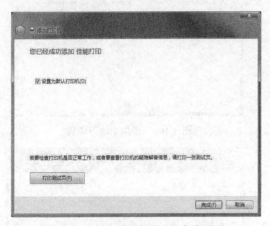

图9-111　设置默认打印机和打印测试

图9-112　完成打印机安装

9.5.2　手动安装驱动程序

虽然Windows 7能智能安装大部分硬件设备的驱动程序。但是对于一些特殊设备以及高端设备，Windows Update检查更新并不一定能正确安装。这时就需要用户手动安装。

下面以蓝牙设备通用驱动程序的安装为例说明手动安装驱动程序的方法和步骤。

（1）以"蓝牙通用驱动程序"为关键字，搜索并下载安装软件。

（2）双击驱动程序安装文件"setup.exe"，启动安装程序，如图9-113所示。

（3）在【用户账户控制】对话框中单击 [是(Y)] 按钮，如图9-114所示。

图9-113　启动安装程序

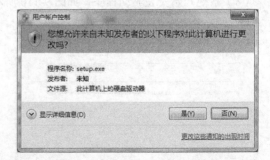

图9-114　【用户账户控制】对话框

（4）系统开始启动安装程序，如图9-115所示。

（5）在弹出的安装向导对话框中单击 [下一步(N) >] 按钮，如图9-116所示。

图 9-115　启动安装程序

图 9-116　安装向导 1

（6）在弹出的对话框中选中【我接受该许可协议中的条款】，如图 9-117 所示。

（7）在弹出的对话框中单击 更改(C)... 按钮，如图 9-118 所示。

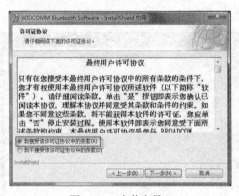

图 9-117　安装向导 2

图 9-118　安装向导 3

（8）在弹出的对话框中设置安装路径（通常只需要修改磁盘分区即可，例如将 C:改为 F:），然后单击 确定 按钮，如图 9-119 所示。

（9）在弹出的安装向导对话框中单击 下一步(N) > 按钮，如图 9-120 所示。

图 9-119　安装向导 4

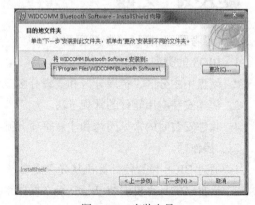

图 9-120　安装向导 5

（10）在弹出的对话框中单击 安装(I) 按钮开始安装，如图 9-121 所示。

（11）系统开始安装启动程序，并显示安装进度，如图 9-122 所示。

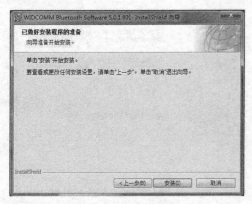

图 9-121　安装向导 6

图 9-122　安装向导 7

（12）系统多次弹出【Windows 安全】对话框，单击【始终安装此驱动程序软件】选项，如图 9-123 所示。

（13）安装完成后，在图 9-124 中单击 完成(F) 按钮。

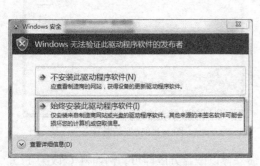

图 9-123　【Windows 安全】对话框

图 9-124　完成安装

9.6　习题

一、思考题

1. BIOS 的类型有哪些？

2. 硬盘中主分区、扩展分区和逻辑分区三者之间的关系是什么？

3. 简述安装应用软件的常规方法。

4. 软件安装时的常见问题和注意事项有哪些方面？

二、操作题

1. 通过 BIOS 设置使计算机从光盘启动。

2. 给自己的计算机安装 Windows 7 操作系统。

3. 查看自己计算机硬件的驱动情况。

4. 在 Windows 7 操作系统下新建一个网络连接。

5. 给自己的计算机安装 Office 2010。

维 护 篇

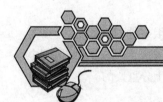

第10章

系统优化、备份与安全设置

Windows 7 操作系统在运行一些程序时，总会产生一些垃圾文件，系统的一些默认设置会影响系统的运行速度，所以要对系统进行适时的优化和清理。同时系统还可能被病毒、木马等所破坏，所以对系统进行必要的备份和还原也是十分重要的。

【学习目标】
- 掌握手动优化系统的方法。
- 掌握利用软件优化系统的方法。
- 掌握利用系统自带工具备份与恢复系统的方法。
- 掌握利用软件备份与恢复系统的方法。

10.1 系统优化

通过对计算机的优化操作可以提升计算机的运行速度，提高计算机的工作效率。

10.1.1 优化开机启动项目

在计算机中安装应用程序或系统组件后，部分程序会在系统启动时自动运行，这将影响系统的开机速度，用户可以关闭不需要的启动项来提升运行速度。

（1）打开【控制面板】窗口，切换到【大图标】视图，单击【管理工具】选项，如图 10-1 所示。

（2）在打开的【管理工具】窗口中双击【系统配置】选项，如图 10-2 所示。

图 10-1　启动管理工具

图 10-2　启动系统配置

（3）在打开的【系统配置】对话框中切换到【启动】选项卡，在列表框中取消选中不需要启动计算机时运行的项目，如图 10-3 所示，然后单击 确定 按钮。

图 10-3　选取开机启动项目

10.1.2　设置虚拟内存

虚拟内存是系统在硬盘上开辟的一块存储空间，用于在 CPU 与内存之间快速交换数据。当用户运行大型程序时，可以通过设置虚拟内存来提高程序的运行效率。

（1）在桌面上的【计算机】图标上单击鼠标右键，在弹出的菜单中选取【属性】选项，如图 10-4 所示。

（2）在打开的【系统】窗口中单击【高级系统设置】选项，如图 10-5 所示。

图 10-4　启动属性设置

图 10-5　【系统】窗口

（3）随后打开【高级属性】对话框，切换到【高级】选项卡，单击 设置(S) 按钮，如图 10-6 所示。

（4）在【性能选项】对话框中选中【高级】选项卡，然后单击 更改(C) 按钮，如图 10-7 所示。

图 10-6 【系统属性】窗口

图 10-7 更改虚拟内存

（5）在【虚拟内存】对话框中取消选中【自动管理所有驱动器的分页文件大小】复选框，在【驱动器】列表中选择设置虚拟内存的磁盘分区。

（6）选中【自定义大小】选项，按照如图 10-8 所示设置虚拟内存数值，最后单击 设置(S) 按钮，设置结果如图 10-9 所示。

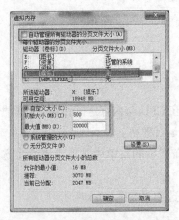

图 10-8 修改虚拟内存大小

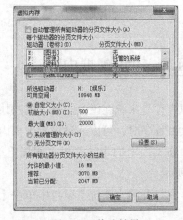

图 10-9 修改结果

（7）使用同样的方法为其他磁盘设置虚拟内存，然后单击 确定 按钮。

（8）根据系统提示重启系统使设置生效。

10.2 备份与还原系统

由于用户的误操作或病毒木马的侵入导致计算机系统崩溃，这时只能重装系统，但是重装系统步骤比较烦琐，不仅要进行数据备份，还要重新安装软件，耗费大量时间。备份系统可以有效地避免这种问题。

10.2.1　使用 GHOST 备份操作系统

一键 GHOST 是一款硬盘克隆软件，它将硬盘的分区中的所有资料克隆成一个 GHO 文件，并通过引导来进行还原，在不需要登录 Windows 的情况下进行还原，可以解决很多系统崩溃、无法启动、系统中毒等问题。

下面先介绍使用 GHOST 备份系统方法。

（1）下载安装"一键 GHOST"软件，安装完成后双击桌面图标打开软件，首先选中【一键备份系统】单选框，然后单击 备份 按钮，如图 10-10 所示。

（2）弹出重启提示窗口，单击 确定 按钮重启计算机进行备份系统，如图 10-11 所示。

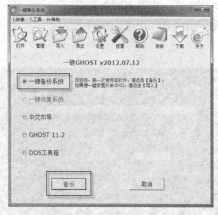

图 10-10　GHOST 选择功能

图 10-11　关机重启提示

（3）此时计算机将会自动重启，重启后在进入 Windows 之前会出现 Windows 启动管理器，选择【一键 GHOST】选项，如图 10-12 所示。

（4）出现 GRUB 菜单，选择【GHOST，DISKGEN，MHDD，DOS】选项（程序会自动选择），如图 10-13 所示。

图 10-12　启动管理菜单

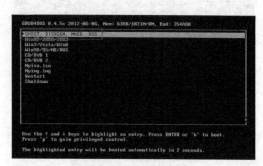

图 10-13　GRUB 菜单

（5）出现 DOS 一级菜单，选择【1KEY GHOST 11.2】选项（程序会自动选择），如图 10-14 所示。

（6）出现 DOS 二级菜单，选择【IDE/SATA】选项（程序会自动选择），如图 10-15 所示。

图 10-14　DOS 一级菜单　　　　　　　　　　　图 10-15　DOS 二级菜单

（7）出现一键 GHOST 窗口，选取【一键备份系统】选项，如图 10-16 所示。

（8）出现一键备份系统警告窗口，单击 ▭备份 按钮进行备份，如图 10-17 所示。

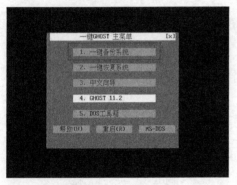
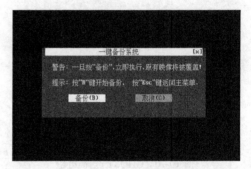

图 10-16　GHOST 主菜单　　　　　　　　　　　图 10-17　一键备份窗口

（9）此时 GHOST 将会自动进行备份，可以通过进度条查看备份进度，这可能需要几十分钟时间，如图 10-18 所示。

（10）一段时间后备份结束，弹出成功窗口，单击 ▭重启(R) 按钮重启计算机，如图 10-19 所示。

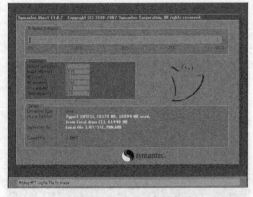
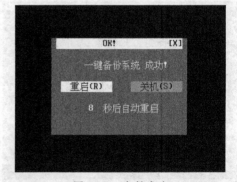

图 10-18　GHOST 自动备份　　　　　　　　　　图 10-19　备份成功

（11）系统重启后打开 F 盘，可以看到【~1】文件夹。该文件夹是备份系统所生产的，如图 10-20 所示。

（12）打开【~1】文件夹，里面存放着 C_PAN.GHO 备份文件，该文件存储着刚刚备份的系统信息，如图 10-21 所示。

图 10-20　备份安装目录

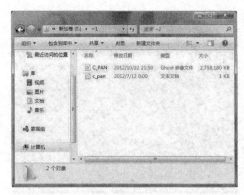

图 10-21　备份好的文件

　　　　一般镜像文件放在第一个硬盘的最后一个分区中，本例中这个盘是 F 盘，GHO 文件存放的路径为【F:\~1\C_PAN.GHO】。一般情况下，为了防止用户误操作删除该文件，该文件默认是隐藏文件，用户是查看不了的，可以通过文件夹选项选择【查看所有文件及文件夹】选项后，才能看到该文件。

10.2.2　使用 GHOST 还原操作系统

下面介绍使用 GHOST 还原系统方法。

（1）双击运行【一键 GHOST】软件，首先选中【一键还原系统】单选框，然后单击 恢复 按钮，如图 10-22 所示。

（2）弹出重启提示窗口，单击 确定 按钮重启计算机进行恢复系统，如图 10-23 所示。

图 10-22　GHOST 选择功能

图 10-23　关机重启提示

（3）此时计算机将会自动重启，重启后在进入 Windows 之前会出现 Windows 启动管理器，选择【一键 GHOST】选项，如图 10-24 所示。

（4）出现 GRUB 菜单，选择【GHOST, DISKGEN, MHDD, DOS】选项（程序会自动选择），

如图 10-25 所示。

图 10-24　启动管理菜单

图 10-25　GRUB 菜单

（5）出现 DOS 一级菜单，选择【1KEY GHOST 11.2】选项（程序会自动选择），如图 10-26 所示。

（6）出现 DOS 二级菜单，选择【IDE/SATA】选项（程序会自动选择），如图 10-27 所示。

图 10-26　DOS 一级菜单

图 10-27　DOS 二级菜单

（7）出现【一键 GHOST】窗口，选取【一键恢复系统】选项，如图 10-28 所示。

（8）出现一键备份系统警告窗口，单击 恢复(R) 按钮进行还原，如图 10-29 所示。

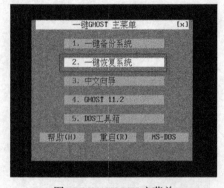

图 10-28　GHOST 主菜单

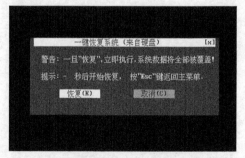

图 10-29　一键恢复窗口

（9）此时 GHOST 将会自动进行还原，可以通过进度条查看还原进度，这可能需要几十分钟时间，如图 10-30 所示。

（10）一段时间后，一键恢复成功，弹出成功画面，单击 重启(R) 按钮重启计算机，进入操作系统后发现已经将系统进行了恢复，如图 10-31 所示。

图 10-30　GHOST 正在恢复

图 10-31　恢复成功

10.2.3　创建系统还原点

Windows 系统自带有【系统还原】功能，可以通过设置还原点，来记录用户对系统的修改，当系统出现故障时，可以通过系统还原回到故障前的某个状态。使用 Windows 还原点比较占用系统分区空间，并且必须在 Windows 能启动的情况下才能进行还原。

（1）在桌面右键单击【计算机】图标，在弹出的菜单中选择【属性】选项，如图 10-32 所示。

（2）弹出属性窗口，在左侧单击【系统保护】选项，如图 10-33 所示。

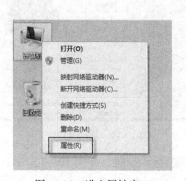

图 10-32　进入属性窗口

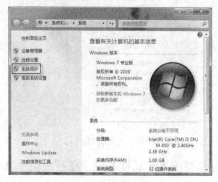

图 10-33　属性窗口

（3）弹出系统属性窗口，在保护设置选项栏中单击 创建(C)... 按钮，如图 10-34 所示。

（4）弹出创建还原点窗口，在文本框输入对还原点的描述，然后单击 创建(C) 按钮，如图 10-35 所示。

图 10-34　系统属性

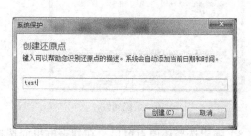

图 10-35　创建还原点

（5）弹出正在创建还原点窗口，系统将自动创建还原点，如图 10-36 所示。

（6）一段时间后，系统完成还原点创建，如图 10-37 所示，单击 [关闭(O)] 按钮关闭窗口。

图 10-36　正在创建还原点　　　　　　　　　　图 10-37　完成还原点创建

10.2.4　还原系统

创建还原点后，计算机出现故障或者运行缓慢时，可以将系统还原到刚刚创建的状态。

（1）在桌面右键单击【计算机】图标，在弹出的菜单中选择【属性】选项，如图 10-38 所示。

（2）弹出属性窗口，在左侧单击【系统保护】选项，如图 10-39 所示。

图 10-38　进入属性窗口　　　　　　　　　　图 10-39　属性窗口

（3）弹出系统属性窗口，在系统还原选项栏中单击 [系统还原(S)...] 按钮，如图 10-40 所示。

（4）弹出还原系统文件和设置窗口，单击 [下一步(N) >] 按钮，如图 10-41 所示。

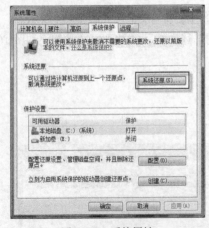

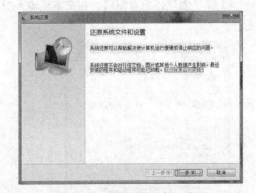

图 10-40　系统属性　　　　　　　　　　图 10-41　还原系统文件和设置

（5）弹出选择还原点窗口，在列表框里面选择还原点，然后单击 [下一步(N) >] 按钮，如图 10-42

所示。

（6）弹出确认还原点窗口，单击 完成(F) 按钮，如图 10-43 所示。

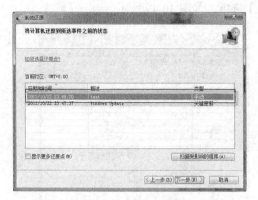

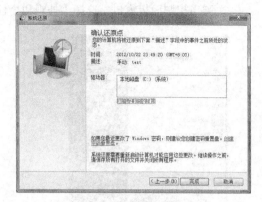

图 10-42　选择还原点　　　　　　　　　　　图 10-43　确认还原点

（7）弹出还原警告窗口，单击 是 按钮，如图 10-44 所示。

（8）还原程序将做还原的准备工作，如图 10-45 所示。

图 10-44　还原提示窗口　　　　　　　　　　图 10-45　准备还原

（9）一段时间后，系统会自动还原到指定的还原点，如图 10-46 所示。

（10）一段时间后，还原完成，此时计算机会自动重启，重启后会弹出还原成功的提示窗口，如图 10-47 所示。

图 10-46　正在还原　　　　　　　　　　　　图 10-47　还原完成

10.3　备份与还原文件

用户一般都是将数据保存在硬盘上面，硬盘如果出现故障会导致数据丢失，通过数据的备份与还原可以有效地避免这种情况。

10.3.1　备份与还原字体

Windows 的字体文件都是保存在 Windows 文件夹下 fonts 文件里面，若要避免字体丢失，可以保存该文件夹的字体到其他分区中，重装系统后可以进行恢复。

（1）在【开始】菜单中选择【控制面板】选项，如图 10-48 所示。

（2）弹出控制面板窗口，选择【外观和个性化】选项，如图 10-49 所示。

图 10-48　进入控制面板

图 10-49　控制面板窗口

如果控制面板窗口和这个窗口不一样，可能是查看方式不同，可以通过单击右上角的查看方式下拉框，选择【类别】选项即可。

（3）出现外观和个性化窗口，单击【字体】选项，如图 10-50 所示。

（4）弹出字体窗口，选中所需字体，然后单击右键，在弹出的菜单中选择【复制】选项，如图 10-51 所示。

图 10-50　外观和个性化窗口

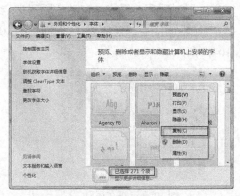

图 10-51　复制所有字体文件

此处可以使用快捷键 Ctrl+A 选中全部文件，Ctrl+C 复制全部文件。

（5）将这些字体文件复制到另一个目录下面备份，这里在 E 盘新建一个【字体】目录，将备份字体放在里面，如图 10-52 所示。

（6）当出现故障而引起字体丢失时，可以通过下面的方法进行还原。和前面的操作一样，打开控制面板，选择【外观和个性化】选项，然后在右侧栏选择【字体】选项，弹出字体窗口，将刚刚备份的字体全部拷贝到当前目录即可。如果出现字体已安装提示，单击 否(N) 按钮即可，如

图 10-53 所示。

图 10-52　备份字体目录

图 10-53　还原字体

10.3.2　备份与还原注册表

注册表存放着各种参数，控制着 Windows 的启动、硬件驱动、软件设置等，注册表出现错误可能会导致某些软件异常，更严重的可以导致系统崩溃，因此备份好注册表可以有效避免这种情况。备份注册表可以通过软件进行备份，也可以使用 Windows 自带的备份功能进行。

（1）备份注册表。

① 在【开始】菜单的【搜索程序和文件】文本框输入"regedit"然后回车，如图 10-54 所示。

② 弹出注册表编辑器窗口，在左侧选择要备份的注册表目录，如图 10-55 所示。

图 10-54　打开注册表管理器

图 10-55　注册表管理器

③ 在任务栏单击【文件】选项，在弹出的菜单中选择【导出】选项，如图 10-56 所示。

④ 弹出导出注册表窗口，在【保存在】下拉框选择保存目录，再在【文件名】文本框输入保存注册表文件名，然后单击 保存(S) 按钮，如图 10-57 所示。

（2）还原注册表。

① 在注册表编辑器窗口的任务栏单击【文件】选项，在弹出的快捷菜单选择【导入】选项，如图 10-58 所示。

② 弹出导入注册表窗口，选择要导入的注册表，然后单击 打开(O) 按钮，如图 10-59 所示。

图 10-56　选择导出选项

图 10-57　选择导出位置

图 10-58　选择导入选项

图 10-59　还原注册表

10.3.3　备份与还原 IE 收藏夹

IE 收藏夹保存用户经常访问的网站，如果重装系统会丢失这些信息，因此备份 IE 收藏夹可以有效避免这种情况。首先介绍备份 IE 收藏夹的方法。

（1）备份收藏夹。

① 首先打开 IE 浏览器，然后按 Alt 键激活菜单栏，如图 10-60 所示。

② 单击菜单栏的【文件】选项，在弹出的菜单中选择【导入和导出】选项，如图 10-61 所示。

图 10-60　打开 IE 浏览器

图 10-61　选择导入和导出

③ 弹出【导出/导入设置】窗口，选中【导出到文件】单选框，然后单击[下一步(N) >]按钮，如图 10-62 所示。

④ 弹出保存内容窗口，选择需要保存的内容，这里选中【收藏夹】前面的复选框，然后单击[下一步(N) >]按钮，如图 10-63 所示。

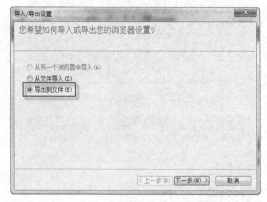

图 10-62　导入导出设置

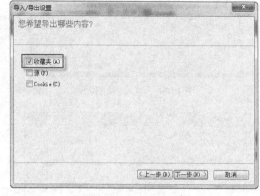

图 10-63　选择导出内容

⑤ 弹出【选择您希望从哪个文件夹导出收藏夹】向导页，如图 10-64 所示，选中【收藏夹】文件夹，然后单击[下一步(N) >]按钮。

⑥ 弹出【您希望将收藏夹导出至何处？】向导页，选择需要保存的目录，然后单击[导出(E)]按钮，完成导出，如图 10-65 所示。

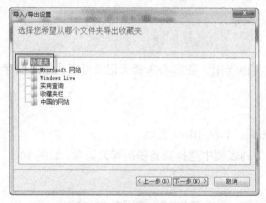

图 10-64　选择导出收藏夹

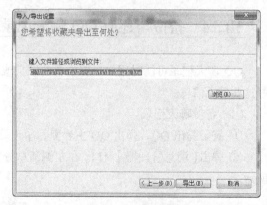

图 10-65　选择导出位置

（2）还原收藏夹。

① 进入【导出/导出设置】窗口，选中【从文件导入】单选框，然后单击[下一步(N) >]按钮，如图 10-66 所示。

② 弹出导入内容窗口，选择需要导入的内容，这里选中【收藏夹】前面的复选框，然后单击[下一步(N) >]按钮，如图 10-67 所示。

③ 进入从何处导入窗口，选中备份的文件，然后单击[下一步(N) >]按钮，如图 10-68 所示。

④ 弹出导入收藏夹的目标文件窗口，选择需要导入的目标文件夹，这里选中【收藏夹】文件夹，然后单击[导入(I)]按钮，完成导入，如图 10-69 所示。

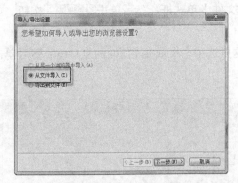

图 10-66　导入/导出设置

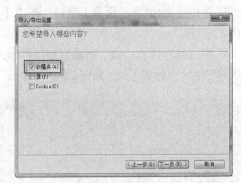

图 10-67　选择导入内容

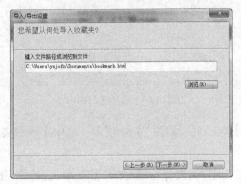

图 10-68　选择导入文件

图 10-69　选择导入目标文件夹

10.3.4　备份与还原 QQ 聊天记录

QQ 聊天记录可能对用户有着重要的意义或者其他作用，备份 QQ 聊天记录可以让用户保存好这些聊天信息。

（1）备份聊天记录。

① 登录腾讯 QQ，弹出 QQ 主界面，单击 图标，如图 10-70 所示。

② 弹出【消息管理器】窗口，在左侧消息分组的列表框中选择要备份的聊天记录，如图 10-71 所示。

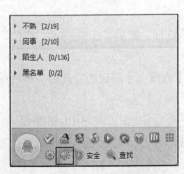

图 10-70　QQ 主界面

图 10-71　消息管理器

③ 单击【导出和导入】右侧的倒三角按钮，在弹出的菜单中选择【导出消息记录】选项，如图 10-72 所示。

④ 弹出【另存为】窗口，选择需要保存的目录，在【文件名】文本框输入保存聊天记录的文件名，然后单击 保存(S) 按钮，如图 10-73 所示。

图 10-72 选择导入导出选项

图 10-73 选择保存目录

（2）恢复聊天记录。

① 打开消息管理器，单击 导入和导出 按钮，如图 10-74 所示。

② 弹出【数据导入工具】窗口，选择导入内容，在【消息记录】前的复选框打钩，如图 10-75 所示。

图 10-74 选择导入导出选项

图 10-75 选择导入内容

③ 选择导入方式，选择【从指定文件导入】单选框，如图 10-76 所示。

④ 弹出文件浏览窗口，选择要导入的文件，然后单击 打开(O) 按钮，如图 10-77 所示。

图 10-76 选择导入方式

图 10-77 打开目录

⑤ 回到【数据导入工具】窗口，然后单击 导入(I) 按钮，如图 10-78 所示。

⑥ 弹出完成导入窗口，单击 完成(F) 按钮退出数据导入向导，如图 10-79 所示。

图 10-78　选择导入方式

图 10-79　导入成功

10.3.5　使用 EasyRecovery 还原数据

EasyRecovery 是一款很强大的数据恢复软件，可以恢复用户删除或者格式化后的数据，并且操作简单，用户只需要按照它的向导即可完成数据恢复的操作。

（1）恢复被删除的文件。

① 下载并安装 EasyRecovery 软件，双击打开 EasyRecovery 图标，如图 10-80 所示。

② 弹出 EasyRecovery 主界面，在左侧栏单击 数据恢复 按钮，如图 10-81 所示。

图 10-80　打开 EasyRecovery

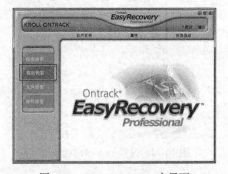

图 10-81　EasyRecovery 主界面

③ 在右侧栏出现数据恢复选项，单击【删除恢复】选项，如图 10-82 所示。

④ 弹出【目的地警告】窗口，阅读提示内容并单击 确定 按钮，如图 10-83 所示。

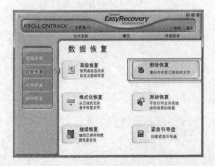

图 10-82　选择删除恢复选项

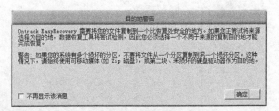

图 10-83　目的地警告窗口

⑤ 在左侧选择要恢复的分区，然后单击 **下一步** 按钮，如图 10-84 所示。

⑥ 恢复程序将扫描该分区上面的文件，如图 10-85 所示。

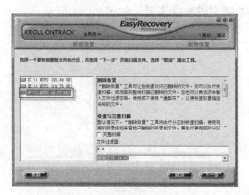
图 10-84 选择恢复的分区

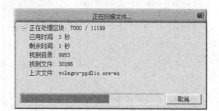
图 10-85 扫描分区文件

⑦ 一段时间后，会将被删除的文件显示出来，在左侧显示被删除文件的目录，在右侧显示该目录下的文件，在要恢复的文件或者目录前的复选框打钩，然后单击 **下一步** 按钮，如图 10-86 所示。

⑧ 弹出数据【恢复目的地】选项，单击 **浏览** 按钮，如图 10-87 所示。

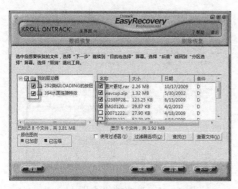
图 10-86 选择要恢复的文件

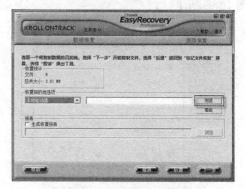
图 10-87 选择文件保存位置

⑨ 弹出保存位置选择窗口，在【浏览文件夹】窗口选择要保存的目录，然后单击 **确定** 按钮，如图 10-88 所示。

⑩ 回到 EasyRecovery 主窗口，单击 **下一步** 按钮，如图 10-89 所示。

图 10-88 选择保存目录

图 10-89 完成目录设置

⑪ 一段时间后，安装向导将完成恢复，并弹出数据恢复成功窗口，此时可以在刚刚选择的目录下看到还原的文件，单击 [完成] 按钮，如图 10-90 所示。

⑫ 出现【保存恢复】提示窗口，单击 [否] 按钮完成数据恢复，如图 10-91 所示。

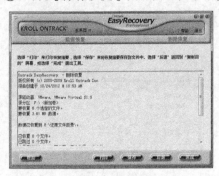

图 10-90 完成数据恢复

图 10-91 保存恢复提示

（2）恢复被格式化的硬盘。

① 进入 EasyRecovery 主界面，在左侧窗口选择【数据恢复】选项，然后在右侧选择【格式化恢复】选项，如图 10-92 所示。

② 弹出恢复被格式化磁盘选择窗口，在左侧栏选择要恢复的分区，然后单击 [下一步] 按钮，如图 10-93 所示。

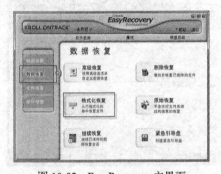

图 10-92 EasyRecovery 主界面

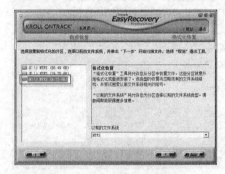

图 10-93 选择被格式化分区

③ 恢复程序会自动扫描格式化硬盘的文件，如图 10-94 所示。

④ 一段时间后，扫描结束，所有丢失的文件将全部显示出来，在要恢复的文件或文件夹前面的复选项打钩，然后单击 [下一步] 按钮，如图 10-95 所示。

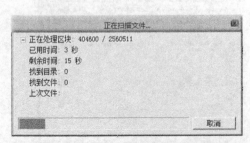

图 10-94 扫描格式化分区文件

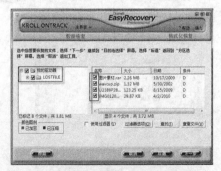

图 10-95 选择要恢复的文件

⑤ 弹出数据【恢复目的地】选项，单击 [浏览] 按钮，如图 10-96 所示。

⑥ 弹出保存位置选择窗口，在【浏览文件夹】窗口选择要保存的目录，然后单击 确定 按钮，如图 10-97 所示。

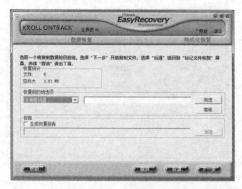

图 10-96 选择恢复目标

图 10-97 选择恢复目录

⑦ 回到 EasyRecovery 主窗口，单击 下一步 按钮，如图 10-98 所示。

⑧ 一段时间后，安装向导将完成恢复，并弹出数据恢复成功窗口，此时可以在刚刚选择的目录下看到还原的文件，单击 完成 按钮，如图 10-99 所示。

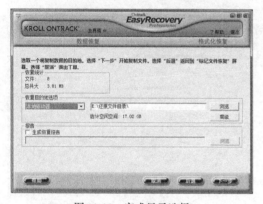

图 10-98 完成目录选择

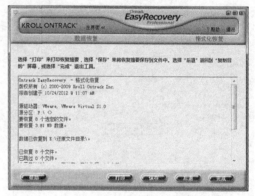

图 10-99 完成格式化恢复

10.4 系统安全设置

在如今的网络时代，系统安全是计算机应用中的重要问题。安全性不好的计算机不但容易遭受病毒入侵，更是黑客的攻击目标。

10.4.1 禁止弹出"用户账户控制"对话框

Windows 7 操作系统的用户账户控制功能是一种系统账户权限紧密连接的安全防护机制，一旦有程序需要更高的权限时，例如安装软件时候，就会弹出该对话框，这给有些用户造成了一些麻烦。

（1）打开控制面板，在控制面板中选择【用户账户和家庭安全】选项，如图 10-100 所示。

（2）在弹出用户账户和家庭安全窗口选择【用户账户】选项，如图 10-101 所示。

图 10-100　打开控制面板

图 10-101　用户账户和家庭安全

（3）弹出用户账户窗口，单击【更改用户账户控制设置】选项，如图 10-102 所示。

（4）弹出【用户账户控制设置】窗口，在左侧滑动条有四个安全级别选择，每个级别的含义在右边的文本框有相应的解释，要禁止弹出"用户账户控制"对话框，需要选择最低的级别，然后单击 确定 按钮，如图 10-103 所示。

图 10-102　用户账户

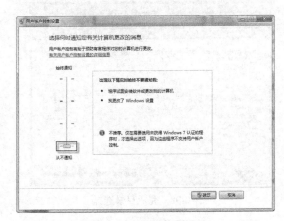

图 10-103　用户控制设置

10.4.2　设置 Windows 防火墙

Windows 防火墙是 Windows 操作系统自带的安全软件，它可以防止计算机被外网恶意程序破坏，保护用户的计算机。Windows 7 操作系统默认打开了 Windows 防火墙。

（1）打开 Windows 防火墙和相关设置。

① 打开控制面板，在控制面板中选择【系统和安全】选项，如图 10-104 所示。

② 弹出系统和安全窗口，单击【Windows 防火墙】选项，如图 10-105 所示。

③ 弹出 Windows 防火墙窗口，在左侧单击【打开或关闭 Windows 防火墙】选项，如图 10-106 所示。

④ 弹出打开关闭防火墙窗口。在【家庭和工作网络】与【公共网络】选择【启动 Windows 防火墙】单选按钮，如图 10-107 所示。

图 10-104　控制面板

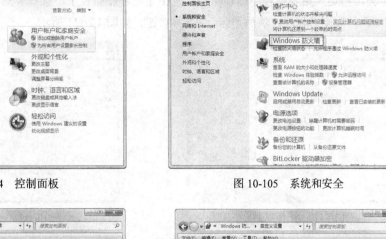

图 10-105　系统和安全

图 10-106　Windows 防火墙

图 10-107　启用 Windows 防火墙

（2）配置防火墙（添加"例外"程序，让指定的程序能从外网进入）。

① 进入 Windows 防火墙窗口，在左侧单击【高级设置】选项，如图 10-108 所示。

② 弹出高级安全窗口，首先在本地计算机列表框单击【入站规则】选项，然后在入站规则的列表框单击【新建规则】选项，如图 10-109 所示。

图 10-108　防火墙属性

图 10-109　新建入站规则

③ 弹出【新建入站规则向导】窗口，在要创建的规则类型单选框选中【程序】选项，然后单击 下一步(N) > 按钮，如图 10-110 所示。

④ 弹出指定入站规则程序路径窗口。选中【此程序路径】单选框，然后单击 浏览 按钮，选择添加入站规则的程序，然后单击 下一步(N) > 按钮，如图 10-111 所示。

图 10-110　选择规则类型

图 10-111　程序路径

⑤ 弹出符合条件的操作窗口，选中【允许连接】单选框，然后单击 下一步(N) > 按钮，如图 10-112 所示。

⑥ 弹出配置文件窗口。选中【域】、【专用】、【公用】复选框。然后单击 下一步(N) > 按钮，如图 10-113 所示。

图 10-112　选择操作

图 10-113　配置文件

⑦ 弹出对此操作命名窗口，在【名称】文本框输入入站规则的名称，然后单击 完成(F) 按钮，如图 10-114 所示。

⑧ 退出【新建入站规则向导】，在入站规则下可以看到刚刚添加的例外程序，如图 10-115 所示。

图 10-114　设置名称

图 10-115　完成添加

10.4.3　使用 360 杀毒软件杀毒

360 杀毒软件使用方式灵活，用户可以根据当前的工作环境自行选择。

（1）快速扫描。快速扫描可以使用最快的速度对计算机进行扫描，迅速查杀病毒和存在威胁的文件，节约扫描时间，一般在时间不是很宽裕的情况下扫描硬盘。

① 在托盘区单击 按钮启动 360 杀毒软件。

② 在图 10-116 中单击【快速扫描】按钮 开始快速扫描硬盘。

③ 扫描结束后显示扫描到的病毒和威胁程序，如图 10-117 所示。选中要处理的项目，然后单击 开始处理 按钮清除威胁对象。

图 10-116　启动快速扫描

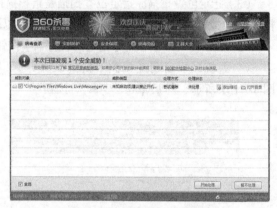

图 10-117　处理扫描到的威胁

　　　　如果在图 10-118 所示的界面底部选中【自动处理扫描出的病毒威胁】复选框，则扫描完成后将自动处理扫描到的威胁对象；如果选中【扫描完成后关闭计算机】复选框，则在处理完威胁对象后自动关机。

　　　　在扫描结果中，通常包含病毒、威胁和木马等恶意程序。
　　　　① 病毒：一种已经可以产生破坏性后果的恶意程序，必须严加防范；
　　　　② 威胁：不会立即产生破坏性影响，但这些程序会篡改计算机设置，使系统产生漏洞，从而危害网络安全；
　　　　③ 木马：一种利用计算机系统漏洞侵入计算机后窃取文件的恶意程序，木马程序伪装成应用程序安装在计算机上（这个过程称为木马种植）后，可以窃取计算机上用户的文件、重要的账户密码等信息。

（2）全盘扫描。快速扫描虽然快速，但是扫描并不彻底。全盘扫描比快速扫描更彻底，但是耗费的时间较长，占用系统资源较多。建议全盘扫描安排在工作间隙来完成，例如休息时间或者夜间，这样可以避开系统资源的冲突。

① 在图 10-119 中单击【全盘扫描】按钮 开始全盘扫描硬盘。

② 扫描完成后，按照与快速扫描相同的方法处理威胁文件。

图 10-118　扫描过程

图 10-119　全盘扫描

（3）指定位置扫描。指定位置扫描是指扫描指定的硬盘分区或移动存储设备。例如计算机上接入 U 盘或移动硬盘后，可以对其进行扫描，以防止将病毒传染给计算机。

① 在图 10-120 中单击【指定位置扫描】按钮 ，随后打开【选择扫描目录】对话框。

② 系统显示目前连接到本机的硬盘分区以及移动存储设备，选中需要扫描的对象，如图 10-121 所示，然后单击 扫描 按钮。

图 10-120　指定位置扫描

图 10-121　选取扫描的磁盘

③ 系统开始扫描选定的设备，扫描完成后对威胁对象的处理方法同前。

　　如果要终止扫描操作，可以在图 10-118 中单击 停止 按钮，然后在弹出的对话框中单击 确定 按钮。单击 暂停 按钮可以暂停扫描过程，需要重新启动时单击 继续 按钮即可恢复前次中断的扫描任务。

10.5　习题

1. 简要说明可以使用哪些方法优化系统。
2. 如何备份和还原系统，有条件的情况下自己动手进行相应操作。
3. 如何备份和还原计算机上的文件，有条件的情况下自己动手进行相应操作。
4. 下载并安装 360 杀毒软件，练习其用法。

第11章

计算机系统的管理和维护

如果一台计算机日常维护良好，不但可以提高工作效率，还能延长使用寿命；缺乏维护的计算机出错频率高，甚至可能导致数据丢失，造成无法挽回的损失。本章主要介绍常用的计算机系统管理方法和维护技巧。

【学习目标】

- 明确计算机的工作环境要求及使用注意事项。
- 了解计算机常用维护工具及它们的用途。
- 掌握日常维护的相关知识和维护技巧。
- 明确计算机账户的配置和管理方法。
- 学会使用 360 安全卫士维护计算机系统。

11.1 计算机的工作环境和注意事项

为了计算机能够长期稳定地工作，用户应该给计算机提供一个良好的运行环境，并掌握正确的使用方法，这是减少计算机故障所必须具备的条件。

11.1.1 计算机的环境要求

一般情况下，计算机的工作环境有如下要求。

1. 计算机运行环境的温度要求

计算机通常在室温 15℃～35℃ 的环境下都能正常工作。若低于 10℃，则含有轴承的部件（风扇和硬盘之类）和光驱的工作可能会受到影响；高于 35℃，如果计算机主机的散热不好，就会影响计算机内部各部件的正常工作。

在有条件的情况下，最好将计算机放置在有空调的房间内，而且不宜靠墙放置，特别不能在显示器上放置物品或遮住主机的电源部分，这样会严重影响散热。

2. 计算机运行环境的湿度要求

在放置计算机的房间内，其相对湿度最高不能超过80%，否则会由于器件温度由高降低时结露（当然这个露是看不见的），使计算机内的元器件受潮，甚至会发生短路而损坏计算机。相对湿度也不要低于20%，否则容易因为过分干燥而产生静电作用，损坏计算机。

3. 计算机运行的洁净度要求

放置计算机的房间不能有过多的灰尘。如果灰尘落在电路板或光驱的激光头上，不仅会造成其稳定性和性能下降，还会缩短计算机的使用寿命，因此房间内最好定期除尘。

4. 计算机对外部电源的交流供电要求

计算机对外部电源的交流供电有两个基本要求：一是电压要稳定，波动幅度一般应该小于5%；二是在计算机工作时供电不能间断。在电压不稳定的小区，为了获得稳定的电压，最好使用交流稳压电源。为了防止突然断电对计算机的影响，可以装备UPS。

UPS（Uninterruptible Power System，不间断电源）是一种含有储能装置的恒压恒频的不间断电源，用于给单台计算机、计算机网络系统或其他电力电子设备提供不间断的电力供应。当市电输入正常时，UPS将市电稳压后供应给负载使用；当市电中断时，UPS能继续供应220V交流电维持正常工作并保护负载软、硬件不受损坏。其外观如图11-1和图11-2所示。

图11-1　山特UPS电源

图11-2　典型的UPS电源

5. 计算机对放置环境的要求

计算机主机应该放在不易震动、翻倒的工作台上，以免主机震动对硬盘造成损害。另外，计算机的电源也应该放在不易绊倒的地方，而且最好使用单独的电源插座，以免计算机意外断电。计算机周围不应该有电炉、电视等强电或强磁设备，以免这些设备开关时产生的电压和磁场变化对计算机产生损害。

11.1.2　计算机使用中的注意事项

为了让计算机更好地工作，在使用时应当注意以下几点。

1．养成良好的使用习惯

良好的计算机使用习惯主要包括以下方面。

（1）误操作是导致计算机故障的主要原因之一，要减少或避免误操作，就必须养成良好的操作习惯。

（2）尽量不要在驱动器灯亮时强行关机。频繁开关机对各种配件的冲击很大，尤其是对硬盘的损伤最严重。两次开关机之间的时间间隔应不小于30s。

（3）机器正在读写数据时突然关机，很可能会损坏驱动器（硬盘、光驱等）。另外，关机时必须先关闭所有的程序，再按正常的顺序退出，否则有可能损坏程序。

> 　　夏季电压波动及打雷闪电时，对计算机的影响是相当大的。因为随时可能发生的瞬间电涌和尖峰电压将直接冲击计算机的电源及主机，甚至损坏计算机的其他配件，所以建议在闪电时不要使用计算机。

（4）在插入或卸下硬件设备时（USB 设备除外），必须在断掉主机与电源的连接后，并确认身体不带静电时才可进行操作。不要带电连接外围设备或插拔机内板卡。

（5）不应用手直接触摸电路板上的铜线及集成电路的引脚，以免人体所带的静电损坏这些器件。触摸前先释放人体的高压静电，可以触摸一下自来水管等接地设备即可。

（6）计算机在加电之后，不应随意地移动和震动，以免由于震动造成硬盘表面划伤或其他意外情况，造成不应有的损失。

（7）使用来路不明的 U 盘或光盘前，一定要先查毒，安装或使用后还要再查一遍，因为有一些杀毒软件不能查杀压缩文件里的病毒。

（8）系统非正常退出或意外断电后，硬盘的某些簇连接会丢失，给系统造成潜在的危险，应尽快进行硬盘扫描，及时修复错误。

2．保护硬盘及硬盘上的数据

随着计算机技术的不断发展，硬盘的容量变得越来越大，硬盘上存储的数据越来越多，一旦硬盘出现故障不能使用，将给用户造成很大的损失。

保护硬盘可从以下几方面进行。

（1）准备一张干净的系统引导盘，一旦硬盘不能启动，可以用来启动计算机。

（2）为防止硬盘损坏、误操作等意外发生，应经常性地进行重要数据资料的备份，例如将重要数据刻录成光盘保存，这样发生严重意外后不至于有重大的损失。

（3）不要乱用格式化、分区等危险命令，防止硬盘被意外格式化。

（4）对于存放重要数据的计算机，还应及时备份分区表和主引导区信息。

11.1.3　计算机常用维护工具

随着计算机技术的高速发展，计算机内的电子器件集成度越来越高，发热量越来越大。灰尘逐渐成为计算机中的隐形杀手，当灰尘进入主板上的各种插槽后，很容易造成接触不良，降低计算机工作的稳定性。用户可以自己动手清理机箱中的灰尘和异物。

在清理计算机前，要准备以下维护工具。

（1）螺丝刀。用来拆装计算机的主机以及外围设备，工具包内应配有大、中、小号十字形和一字形螺丝刀，最好选择带磁性的工具，其外观如图 11-3 所示。

（2）镊子。用来夹持微小物体，用于清洗主板，其外观如图 11-4 所示。

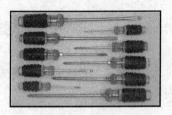

图 11-3　螺丝刀

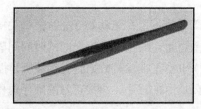

图 11-4　镊子

（3）清洁刷。用来清理主机箱内或显示器上的灰尘，其外观如图 11-5 所示。

（4）吹气球。用来吹走主机箱内的各种灰尘，其外观如图 11-6 所示。

图 11-5　清洁刷

图 11-6　吹气球

（5）无水酒精和棉花。用来清洁显示器屏幕的灰尘，还可以清洗主板等配件，如图 11-7 和图 11-8 所示。

图 11-7　酒精

图 11-8　棉花

（6）清洗光盘套装。用来清洁光驱的激光头或磁头。

11.2　计算机硬维护

多数计算机故障都是由于用户缺乏必要的日常维护或维护方法不当造成的。加强日常维护既能防患于未然，又能将故障所造成的损失减少到最低程度，并最大限度地延长计算机的使用寿命。计算机硬维护是指在硬件方面对计算机进行维护。

11.2.1　硬盘的维护

目前，计算机故障 30%以上来自硬盘的损坏，其中有相当一部分原因是用户未根据硬盘特点采取切实可行的维护措施所致。因此，硬盘在使用中必须加以正确维护，否则容易导致硬盘故障而缩短使用寿命，甚至殃及存储的数据，给用户带来不可挽回的损失。

图 11-9 给出了硬盘使用和保养时的注意事项。

防高温、防潮湿

工作时不要关掉电源

注意对数据的整理

保持使用环境的清洁

防止病毒对硬盘的破坏

防震、防磁场

图 11-9　硬盘的保养

硬盘使用中具体应注意以下问题。

（1）硬盘进行读、写时处于高速旋转状态，不能突然关闭电源，否则将导致磁头与盘片猛烈摩擦，从而损坏硬盘。

（2）用户不能自行拆开硬盘盖，以免灰尘或异物进入盘内，在硬盘进行读、写操作时划伤盘片或磁头。

（3）硬盘在进行读、写操作时，较大的震动会导致磁头与数据区撞击使盘片数据区损坏，因此在主轴电机尚未停转之前严禁搬运硬盘。

（4）硬盘的主轴电机和驱动电路工作时都要发热，在使用中要严格控制环境温度。在炎热的夏季，环境温度一般在 40℃，要特别注意检测硬盘。

（5）在温湿的季节，要注意使环境干燥或经常给系统加电，靠自身的发热将机内水汽蒸发掉。

（6）尽可能使硬盘不要靠近强磁场，如音箱、喇叭、电机、电台等，以免硬盘中所记录的数据因磁化而受到破坏。

（7）病毒对硬盘中存储的信息威胁很大，应定期使用较新版本的杀毒软件对硬盘进行病毒检测，发现病毒应立即采取办法清除。

（8）尽量避免对硬盘进行格式化，因为格式化会丢失全部数据并缩短硬盘的使用寿命。

11.2.2　显示器的维护

显示器作为计算机的"脸面"，是用户与计算机沟通的桥梁。据统计，显示器故障有 50%是由于环境条件差引起的，操作不当或管理不善导致的故障约占 30%，真正由于质量差或自然损坏

201

的故障只占 20%，可见环境条件和人为因素是造成显示器故障的主要原因。

图 11-10 给出了 LCD 显示器使用和保养时的注意事项。

图 11-10　LCD 显示器的保养

LCD 显示器使用中具体应注意以下问题。

（1）禁止液体进入显示器。因为水分会损害 LCD 的元器件，会导致液晶电极腐蚀，造成永久性的损害。

（2）不要让显示器长时间处于开机状态（连续 72h 以上）。建议在不用的时候把它关掉或者将它的显示亮度调低，注意屏幕保护程序的运行等。

（3）在使用清洁剂时，注意不要把清洁剂直接喷到屏幕上，它有可能流到屏幕里造成短路。正确的做法是用软布蘸上清洁剂轻轻地擦拭屏幕。

（4）LCD 显示器的抗撞击能力很弱，许多灵敏的电器元件在遭受撞击时会损坏，所以在使用 LCD 显示器时一定要防止磕碰。

（5）不要随便拆卸 LCD 显示器。在显示器工作时，内部会产生高电压，LCD 背景照明组件中的 CFL 交流器在关机很长时间后依然可能带有高达 1000V 的电压，擅自拆卸可能会给用户带来伤害。

11.2.3　光驱的维护

要保持光驱的良好运行性能、避免故障、延长光驱的使用寿命，对光驱进行日常的保养和维护尤其重要。

图 11-11 给出了光驱使用和保养时的注意事项。

图 11-11　光驱的保养

光驱使用中具体应注意以下问题。

（1）将光盘置于光驱内，即使不读盘，也会驱动光驱旋转，这样不但会加大光驱的机械磨损，还可能导致数据损坏。在不使用光盘时，应将其从光驱中取出。

（2）少用光驱看 VCD（或 DVD）。在播放 VCD 的过程中，光驱必须数小时连续不停地读取数据。如果 VCD 碟片质量得不到保证，光驱在播放过程中还要频繁启动纠错功能，反反复复地读取数据，对光驱寿命及性能造成损害。用户应将 VCD 内容复制到硬盘上进行欣赏。

（3）使用干净、质量好的光盘对延长光驱寿命是很重要的，所以不要随意放置光盘，不把沾有灰尘、油污的光盘放在光驱中，不使用盗版光盘等。

11.2.4 其他部件的维护

对计算机其他组件也要进行定期的维护，平时要进行经常性的检查，及时发现和处理硬件问题，以防止故障扩大。

1．其他常用部件的维护要点

以下常用部件的使用注意事项如下。

● 主板：要注意防静电和形变。静电可能会损坏 BIOS 芯片和数据、损坏各种晶体管的接口门电路；板卡变形后会导致线路板断裂、元件脱焊等严重故障。

● CPU：CPU 是计算机的"心脏"，要注意防高温和高压。高温容易使内部线路发生电子迁移，缩短 CPU 的寿命；高压很容易烧毁 CPU，所以超频时尽量不要提高内核电压。

● 内存：要注意防静电，超频时也要小心，过度超频极易引起黑屏，甚至使内存发热损坏。

● 电源：要注意防止反复开机、关机。

● 键盘：要防止受潮、沾尘、拉拽以及受潮腐蚀等。沾染灰尘会使键盘触点接触不良，操作不灵，拖拽易使键盘线断裂，使键盘出现故障。

● 鼠标：要防灰尘、强光以及拉拽。滚轴上沾上灰尘会使鼠标机械部件运作不灵；强光会干扰光电管接收信号；拉拽会使鼠标线断裂，使鼠标失灵。

2．其他常用部件的维护步骤

进行全面维护时应准备上面提到的维护工具，然后按下面的步骤进行。

（1）切断电源，将主机与外围设备之间的连线拔掉，用吹气球细心地吹去板卡上的灰尘，尤其要清除面板进风口附近和电源排风口附近以及板卡插接部位的灰尘，同时应用台扇吹风，以便将吹气球吹起的灰尘和机箱内壁上的灰尘带走。

（2）计算机的排风主要靠电源风扇，因此电源盒里积累的灰尘最多，将电源盒拆开，用吹气球仔细清扫干净。

（3）如果要拆卸主板上的配件，再次安装时要注意位置是否准确、插槽是否插牢、连线是否正确等。

（4）用酒精和棉花配合将显示器屏幕擦拭干净。

（5）将鼠标的后盖拆开，将滚动轴上的杂物清理干净，最好用蘸有酒精的药棉进行清洗晒干。

（6）用吹气球将键盘键位之间的灰尘清理干净。

11.3 磁盘的清理和维护

磁盘是存储数据的场所，需要对磁盘定期维护以提高磁盘使用性能并保障数据安全。

11.3.1 清理磁盘

计算机在使用过程中会产生一些临时文件，这些文件不但会占据一定的磁盘空间，还会降低系统的运行速度，因此需要定期清理磁盘。

（1）打开【计算机】窗口，在需要清理的磁盘上单击鼠标右键，在弹出的菜单中选取【属性】选项，如图 11-12 所示。

（2）在【磁盘属性】对话框的【常规】选项卡中单击 磁盘清理(D) 按钮，如图 11-13 所示。

图 11-12 启动属性设置

图 11-13 属性菜单

（3）系统开始计算可以在当前磁盘上释放多少空间，如图 11-14 所示。

（4）计算完毕后打开【磁盘清理】对话框，在【要删除的文件】列表框中选中要清理的文件类型，然后单击 确定 按钮，如图 11-15 所示。

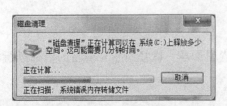

图 11-14 计算空间

图 11-15 选取清理的内容

（5）系统弹出询问对话框，单击 删除文件 按钮，如图 11-16 所示。

（6）系统开始删除文件，如图 11-17 所示。

图 11-16　确认清理

图 11-17　清理文件

11.3.2　整理磁盘碎片

使用计算机时，用户需要经常安装或卸载程序，同时还要大量转移文件，这将导致计算机中存在大量碎片文件（这就是磁盘上的不连续文件），这些文件需要定期整理。

（1）使用上述方法打开磁盘属性文件，切换到【工具】选项卡，单击 立即进行碎片整理(D)... 按钮，如图 11-18 所示。

（2）在弹出的对话框中选择要整理的磁盘，然后单击 分析磁盘(A) 按钮，如图 11-19 所示。

图 11-18　属性窗口

图 11-19　选取整理的磁盘

（3）系统开始分析磁盘文件数量、使用频率以及碎片状况，如图 11-20 所示。分析完成后将显示磁盘上碎片所占比例，如图 11-21 所示。

图 11-20　分析磁盘

图 11-21　显示分析结果

（4）单击按钮后系统开始整理碎片，如图 11-22 所示，用户需要等待一段时间。整理完毕后，

单击 关闭(C) 按钮。

 磁盘分析后，如果碎片率比较低，可以不必整理磁盘。磁盘碎片整理比较耗费时间，最好安排在工作之外的时间进行，比如晚间，还可以在图 11-22 中单击 配置计划(S)... 按钮打开如图 11-23 所示对话框设置定期整理计划。

图 11-22　分析结果

图 11-23　设置定期整理计划

11.3.3　检查磁盘错误

磁盘分区在运行中可能会产生错误，从而危害数据安全，使用检查磁盘错误操作可以检查磁盘错误并进行修复操作。

（1）使用上述方法打开磁盘属性文件，切换到【工具】选项卡，单击 开始检查(C)... 按钮，如图 11-24 所示。

（2）在图 11-25 中选中两个复选框，然后单击 开始(S) 按钮。

（3）如果磁盘当前正在使用，则弹出如图 11-26 所示对话框。单击 计划磁盘检查 按钮。当下一次启动 Windows 7 时，计算机将自动检测磁盘错误。

图 11-24　启动磁盘检查

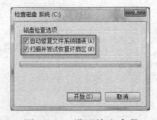

图 11-25　设置检查参数

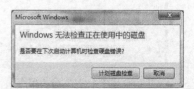

图 11-26　提示信息

11.3.4　格式化磁盘

格式化磁盘将彻底删除磁盘上的数据或者将磁盘设置为新的分区格式。

（1）在需要格式化的磁盘上单击鼠标右键，在弹出的菜单中选取【格式化】命令，如图 11-27 所示。

（2）在弹出的窗口中选取分区格式，如果要节约时间，可以选中【快速格式化】复选框，然后单击 开始(S) 按钮，如图 11-28 所示。

图 11-27　启动格式化操作

图 11-28　设置格式化参数

目前常用的文件系统分区格式主要有 FAT32 和 NTFS 两种。FAT32 支持的单个分区最大容量为 32GB，主要支持早期的 Windows 系统；NTFS 的安全性和稳定性很好，使用中不易产生文件碎片，比 FAT32 能更有效地管理磁盘空间，最大限度地避免了磁盘空间的浪费，是当前最常用的分区格式。

（3）由于磁盘格式化会导致数据丢失，在正式操作前，系统通常会弹出如图 11-29 所示的询问对话框，如果确认格式化操作，则单击 确定 按钮。

（4）格式化完成弹出如图 11-30 所示对话框，单击 确定 按钮。

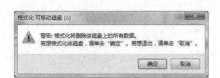

图 11-29　提示信息

图 11-30　格式化完毕

不能对 Windows 7 的系统盘进行格式化。由于格式化会删除分区上原来的所有数据，因此在格式化操作前，对于有用的文件应将其转移到别的分区后再格式化。

11.4 系统优化

通过对计算机的优化操作可以提升计算机的运行速度，提高计算机的工作效率。

11.4.1 优化开机启动项目

在计算机中安装应用程序或系统组件后，部分程序会在系统启动时自动运行，这将影响系统的开机速度，用户可以关闭不需要的启动项来提升运行速度。

（1）打开【控制面板】窗口，切换到【大图标】视图，单击【管理工具】选项，如图 11-31 所示。

（2）在打开的【管理工具】窗口中双击【系统配置】选项，如图 11-32 所示。

图 11-31　启动管理工具

图 11-32　启动系统配置

（3）在打开的【系统配置】对话框中切换到【启动】选项卡，在列表框中取消选中不需要启动计算机时运行的项目，如图 11-33 所示，然后单击 确定 按钮。

图 11-33　选取开机启动项目

11.4.2 设置虚拟内存

虚拟内存是系统在硬盘上开辟的一块存储空间，用于在 CPU 与内存之间快速交换数据。当用户运行大型程序时，可以通过设置虚拟内存来提高程序的运行效率。

（1）在桌面上的【计算机】图标上单击鼠标右键，在弹出的菜单中选取【属性】选项，如

图 11-34 所示。

（2）在打开的【系统】窗口中单击【高级系统设置】选项，如图 11-35 所示。

图 11-34　启动属性设置

图 11-35　【系统】窗口

（3）随后打开【系统属性】对话框，切换到【高级】选项卡，单击 设置(S) 按钮，如图 11-36 所示。

（4）在【性能选项】对话框中选中【高级】选项卡，然后单击 更改(C) 按钮，如图 11-37 所示。

图 11-36　【系统属性】窗口

图 11-37　更改虚拟内存

（5）在【虚拟内存】对话框中取消选中【自动管理所有驱动器的分页文件大小】复选框，在【驱动器】列表中选择设置虚拟内存的磁盘分区。选中【自定义大小】选项，按照如图 11-38 所示设置虚拟内存数值，最后单击 设置(S) 按钮，设置结果如图 11-39 所示。

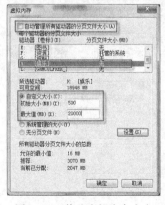

图 11-38　修改虚拟内存大小

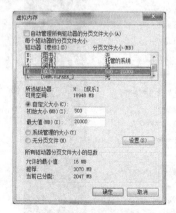

图 11-39　修改结果

（6）使用同样的方法为其他磁盘设置虚拟内存，然后单击 确定 按钮。

（7）根据系统提示重启系统使设置生效。

11.5 账户的配置和管理

计算机安全一直是广大用户关心的话题，但用户往往只注重如何用防火墙来防病毒或如何杀毒，却忽略了对计算机一些基本安全的设置。

在 Windows 7 操作系统中，常见的账户类型主要有以下 3 种。

● Administrator（管理员）账户：Administrator 是系统内置的权限等级最高的管理员账户，拥有对系统的完全控制权限，并不受用户账户控制机制的限制。

● 用户创建的账户：在安装 Windows 7 时，用户需要创建一个用于初始化登录的账户。在 Windows 7 中，所有用户自行创建的用户都默认运行在标准权限下。标准账户在尝试执行系统关键设置的操作时，都会受到用户账户控制机制的阻拦，以免系统管理员权限被恶意程序所利用，同时也避免了初级用户对系统的错误操作。

● Guest（来宾）账户：Guest 账户一般只适用于临时使用计算机的账户，其用户权限比标准类型的账户受到更多限制，只能使用常规的应用程序，而无法对系统设置进行更改。

 默认情况下，Windows 7 基于安全考虑，内置的 Administrator 账户和 Guest 账户都处于禁用状态，以免无密码保护的这两个账户被黑客所使用。

11.5.1 创建新账户

Windows 7 中，要创建新账户，可以按照以下步骤来操作。

（1）在【开始】菜单中单击账户头像图标，如图 11-40 所示，打开【用户账户】窗口，单击【管理其他账户】选项，如图 11-41 所示。

图 11-40　启动账户管理

图 11-41　启动个人账户设置

（2）在弹出的窗口中单击【创建一个新账户】选项，如图 11-42 所示。

（3）在打开的窗口中输入账户名称，选取账户类型，然后单击 创建帐户 按钮，如图 11-43 所示。

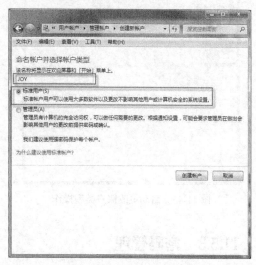

图 11-42　创建新账户

图 11-43　设置账户名称和类型

11.5.2　更改账户类型

为了保障计算机系统的安全，用户可以更改计算机中用户账户的类型，赋予账户不同的操作权限。但是只有管理员权限的用户才能进行相关的账户操作。

（1）按照前述操作打开【管理账户】窗口，单击需要更改的用户账户，如图 11-44 所示。

图 11-44　选择账户

（2）在弹出的窗口中单击【更改账户类型】选项，如图 11-45 所示。

（3）在弹出的窗口中修改账户类型，然后单击 更改帐户类型 按钮，如图 11-46 所示。

图 11-45　启动更改账户类型操作

图 11-46　更改账户类型

11.5.3　密码管理

使用密码登录计算机能防止未经授权的计算机登录，增强系统的安全性。

1．创建密码

通过【用户账户】窗口创建密码的步骤如下。

（1）在【开始】菜单中单击账户头像图标打开【用户账户】窗口，单击【为您的账户创建密码】选项，如图 11-47 所示。

图 11-47　启动创建密码操作

（2）在弹出的窗口中输入密码和密码提示（可选项），完成后单击 创建密码 按钮，如图 11-48 所示。

2．修改密码

用户可以按照以下步骤修改设置的密码。

（1）在【开始】菜单中单击账户头像图标打开【用户账户】窗口，单击【更改密码】选项，如图 11-49 所示。

图 11-48　创建密码

图 11-49　启动更改密码操作

（2）在弹出的窗口中先输入旧密码，然后输入新密码和密码提示（可选项），完成后单击 按钮，如图 11-50 所示。

3．删除密码

用户可以按照以下步骤删除密码。

（1）在【开始】菜单中单击账户头像图标打开【用户账户】窗口，单击【删除密码】选项。

（2）在弹出的窗口中先输入用户密码后单击 删除密码 按钮，如图 11-51 所示。

图 11-50　修改密码

图 11-51　删除密码

11.5.4　使用密码重置功能

为了防止用户遗忘密码而不能正确登录系统，可以在创建密码后再创建一个密码重设盘。

（1）将 U 盘插入计算机的 USB 接口。

（2）在【开始】菜单中单击账户头像图标打开【用户账户】窗口，单击【密码重设盘】选项，如图 11-52 所示。

213

（3）在弹出的【忘记密码向导】对话框中单击 下一步(N) 按钮，如图11-53所示。

图 11-52　启动创建密码重设盘

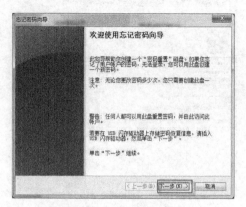

图 11-53　忘记密码向导 1

（4）选择存储密码的设备（选U盘），然后单击 下一步(N) 按钮，如图11-54所示。

（5）输入当前账户的登录密码，然后单击 下一步(N) 按钮，如图11-55所示。

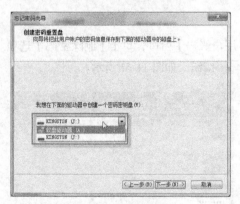

图 11-54　忘记密码向导 2

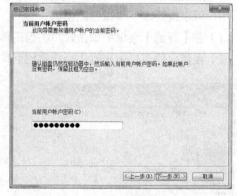

图 11-55　忘记密码向导 3

（6）系统开始创建密码重设盘，完成后单击 下一步(N) 按钮，如图11-56所示。

（7）单击 完成 按钮关闭【忘记密码向导】对话框，完成重设密码盘的创建，如图11-57所示。

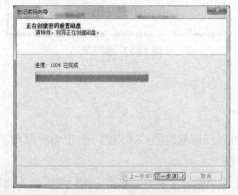

图 11-56　忘记密码向导 4

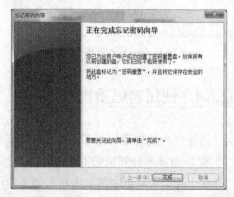

图 11-57　忘记密码向导 5

当用户登录系统输入密码错误时，将弹出如图 11-58 所示提示信息，单击 确定 按钮打开如图 11-59 所示界面，单击【重设密码】选项，随后按照系统提示重设密码，其主要步骤与使用"忘记密码向导"创建密码重设盘类似。最后使用新设置的密码登录即可。

图 11-58　登录界面 1

图 11-59　登录界面 2

11.5.5　账户的个性化设置

在 Windows 7 中可以对账户进行个性化设置，包括定义账户名称和图片等。

（1）在【开始】菜单中单击账户头像图标打开【用户账户】窗口，单击【更改账户名称】选项，如图 11-60 所示。

（2）在弹出的窗口中输入新的账户名称，完成后单击 更改名称 按钮，如图 11-61 所示。

图 11-60　启动更改账户名操作

图 11-61　更改账户名

（3）继续在【用户账户】窗口中单击【更改图片】选项，如图 11-62 所示。

（4）在打开的窗口中选择新的图像，然后单击 更改图片 按钮，如图 11-63 所示。也可以单击【浏览更多图片】选项导入计算机中的图片。

图 11-62　启动更改图片操作　　　　　　　　　　图 11-63　更改图片

11.5.6　管理账户

由于 Windows 7 禁用了 Administrator 账户和 Guest 账户，用户可以手动启动或禁止这两个账户。

（1）在【开始】菜单中单击账户头像图标打开【用户账户】窗口，单击【管理其他账户】选项，如图 11-64 所示。

（2）在【选取希望更改的账户】栏中，单击【Guest】选项，如图 11-65 所示。

图 11-64　启动账户管理操作　　　　　　　　　　图 11-65　选择账户

（3）系统显示更改提示，单击 [　启用　] 按钮，如图 11-66 所示。

（4）如果想要关闭来宾账户，只需要按照图 11-65 所示选择 Guest 账户，然后在图 11-67 中单击【关闭来宾账户】选项即可。

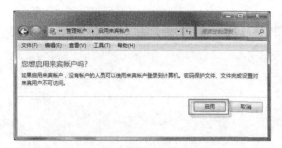

图 11-66　启动来宾账户

图 11-67　关闭来宾账户

11.6　使用安全防范工具——360 安全卫士

360 安全卫士是一款完全免费的安全类上网辅助工具，可以查杀流行木马、清理系统插件、在线杀毒、系统实时保护及修复系统漏洞等，同时还具有系统全面诊断以及清理使用痕迹等特定辅助功能，为每一位用户提供全方位的系统安全保护。

11.6.1　常用功能

360 安全卫士拥有清理插件、修复漏洞、清理垃圾等诸多功能。

在【开始】菜单中选择【所有程序】/【360 安全中心】/【360 安全卫士】/【360 安全卫士】启动 360 安全卫士。

1．计算机体检

通过计算机体检可以快速给计算机进行"身体检查"，判断计算机是否健康，是否需要"求医问药"了。启动后，360 安全卫士自动对计算机进行体检，结果如图 11-68 所示。

计算机的健康度评分满分 100 分，如果在 60 分以下，说明计算机已经不健康了。单击【重新体检】可以重新启动体检操作。单击 按钮，可以修复体检中发现的问题。

2．查杀木马

按照以下步骤查杀计算机中的木马。

（1）在主界面中单击【木马查杀】按钮，打开如图 11-69 所示的软件界面。

图 11-68　计算机体检

图 11-69　查杀木马

（2）单击【快速扫描】按钮可以快速查杀木马。并显示查杀结果，如图 11-70 所示。选中要处理的项目，然后单击 开始处理 按钮清除威胁。

（3）处理完安全隐患后，系统通常会弹出如图 11-71 所示的对话框，建议用户单击 好的，立刻重启 按钮重启计算机以彻底清除木马隐患。

图 11-70　处理查杀结果

图 11-71　重启计算机提示

（4）与查杀病毒相似，还可以在图 11-69 中单击【全盘扫描】和【自定义扫描】按钮来扫描磁盘上的木马。

　　木马是有隐藏性的、自发性的可被用来进行恶意行为的程序。木马虽然不会直接对计算机产生破坏性危害，但是木马通常作为一种工具被操纵者用来控制用户的计算机，不但会篡改用户的计算机系统文件，还会导致重要信息泄露，因此必须严加防范。

3．修复漏洞

按照以下步骤修复计算机中的漏洞。

（1）在主界面中单击【漏洞修复】按钮，360 安全卫士自动扫描计算机上的漏洞，扫描结果包括需要修复的高危漏洞和需要更新的补丁，如图 11-72 所示。

（2）如果扫描发现高危漏洞，应该立即修复。

（3）选中需要安装的补丁，然后单击 立即修复 按钮进行修复操作，如图 11-73 所示。

图 11-72　扫描系统漏洞

图 11-73　安装补丁

漏洞是指系统软件存在的缺陷，攻击者能够在未授权的情况下利用这些漏洞访问或破坏系统，系统漏洞是病毒木马传播最重要的通道。如果系统中存在漏洞，就要及时修补，其中一个最常用的方法就是及时安装修补程序，这种程序被称为系统补丁。

4. 系统修复

按照以下步骤进行系统修复。

（1）在主界面中单击【系统修复】按钮，在打开的窗口中单击【常规修复】按钮，如图 11-74 所示。

（2）系统开始扫描 IE 浏览器上的插件，扫描结果如图 11-75 所示。

图 11-74　系统修复

图 11-75　处理 IE 插件

（3）选中插件前的复选框，单击【直接删除】选项清除该插件，单击【信任】选项继续使用该插件。

插件是一种小型程序，可以附加在其他软件上使用。在 IE 浏览器中安装相关的插件后，IE 浏览器能够直接调用这些插件程序来处理特定类型的文件，例如附着在 IE 浏览器上的【Googel 工具栏】等。插件太多时可能会导致 IE 故障，因此可以根据需要对插件进行清理。

（4）删除插件时，系统弹出如图 11-76 所示的对话框提示锁定主页，建议选中【空白页】选项，然后单击 [安全锁定] 按钮。

（5）最后在窗口底部单击 [立即修复] 按钮开始按照设置清除不必要的插件，完成后显示清除结果，如图 11-77 所示。

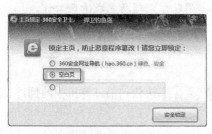

图 11-76　锁定主页

图 11-77　清除 IE 插件

5．计算机清理

按照以下步骤进行计算机清理。

（1）在主界面中单击【电脑清理】按钮，在打开的窗口中将显示可以清理的内容，如图11-78所示。

（2）选中相应选项前的复选框，可以展开选项，选取其下的部分项目，如图11-79所示。

图11-78　清理垃圾

图11-79　选取清理项目

（3）选取清理的详细项目后，单击 按钮开始清理，如图11-80所示。

（4）清理完成后，将显示清理结果，如图11-81所示。

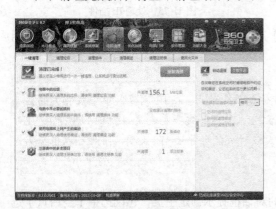

图11-80　开始清理

图11-81　清理结果

垃圾文件是指系统工作时产生的剩余数据文件，虽然每个垃圾文件所占系统资源并不多，少量垃圾文件对计算机的影响也较小，但如果长时间不清理，垃圾文件会越来越多，过多的垃圾文件会影响系统的运行速度。因此建议用户定期清理垃圾文件，避免累积，目前除了手动人工清除垃圾文件，常用软件来辅助完成清理工作。

（5）在图11-82中选中【清理垃圾】选项卡，首先设置清理的项目，然后单击 开始扫描 按钮扫描垃圾文件，然后将其彻底清除，如图11-83所示。

（6）在图11-83中选中【清理插件】选项卡，单击 开始扫描 按钮扫描计算机中的插件，然后将其彻底清除，如图11-84所示。

图 11-82　清理垃圾文件

图 11-83　清理插件

（7）在图 11-84 中选中【清理痕迹】选项卡，选取清理的项目后单击 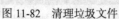 按钮扫描痕迹，然后将其彻底清除，如图 11-85 所示。

（8）在图 11-85 中选中【清理注册表】选项卡，单击 按钮扫描注册表中的冗余项，然后将其彻底清除。

在计算机操作时，会留下许多操作痕迹，例如访问过的历史网页、输入的搜索关键字、输入的密码信息等。网络痕迹可能会泄露用户的重要信息。

图 11-84　清理痕迹

图 11-85　清理注册表

6．优化加速

在计算机启动过程中，会同时启动大量的应用程序（软件），如果启动的程序过多，会导致系统变慢，这时可以启动开机加速功能。

（1）在主界面中单击【优化加速】按钮，开始扫描可以优化加速的项目，扫描结果如图 11-86 所示。

（2）选中需要优化的项目前的复选框，单击 按钮开始优化加速，完成后显示优化结果，如图 11-87 所示。

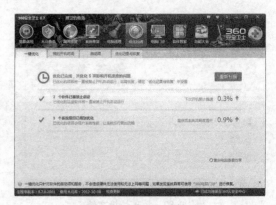

图 11-86　优化加速项目　　　　　　　　　　　图 11-87　优化加速结果

11.6.2　辅助功能

360 安全卫士还提供了计算机门诊、软件管家等辅助功能。

1．计算机门诊

通过计算机门诊可以为计算机中遇到的常见故障提供解决方案。

（1）在主界面中单击【电脑门诊】按钮，打开【360 电脑门诊】窗口。

（2）在左侧选中【常见问题】选项卡，单击页面中的项目可以为用户在使用计算机时遇到的热点问题提供解决方案，如图 11-88 所示。

（3）选中【上网异常】选项卡，单击页面中的项目可以为计算机上网时遇到的常见问题提供解决方案，如图 11-89 所示。单击底部的翻页按钮可以查看更多内容。

图 11-88　解决计算机常见问题　　　　　　　　图 11-89　解决上网异常问题

（4）选中【系统图标】选项卡，单击页面中的项目可以为计算机图标故障提供解决方案，如图 11-90 所示。

（5）选中【系统性能】选项卡，单击页面中的项目可以为与系统性能有关的问题提供解决方案，如图 11-91 所示。

图 11-90　解决系统图标故障　　　　　　　　　　图 11-91　解决系统性能故障

2．软件管家

软件管家用于帮助用户管理计算机上安装的各种应用软件。

（1）在主界面中单击【软件管家】按钮，打开【360 软件管家】窗口。

（2）在左侧选中【我的软件】选项，可以查看目前计算机中已经安装的软件总数以及分类情况，如图 11-92 所示。

图 11-92　查看计算机上软件安装情况

（3）在图 11-92 中单击【全部】选项，系统自动在窗口上部选中【软件卸载】按钮，可以查看软件的详细情况，单击 卸载 按钮可以卸载该软件，如图 11-93 所示。在左侧列表中还可以按照类别对软件进行筛选。

图 11-93　查看软件安装详细列表

（4）在界面左上角单击【软件宝库】按钮，在窗口中将分类显示可以在计算机中安装的各种软件，如图 11-94 所示。如果已经安装了该软件，可以单击 一键升级 按钮将其升级到最新版本；如果尚未安装该软件，可以单击 一键安装 按钮进行安装。

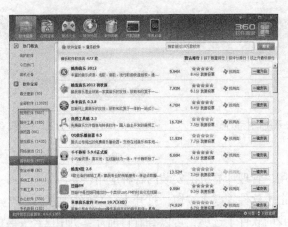

图 11-94　安装和升级软件

11.7　习题

1. 计算机工作环境的要求包括哪些方面？
2. 在开关计算机时应注意哪些事项？
3. 计算机日常维护所用的工具有哪些？它们的用途是什么？
4. 简述保养液晶显示器的方法。
5. 简述设置开机密码的方法。
6. 简述设置用户权限的方法。
7. 如何进行磁盘碎片整理？

第**12**章

计算机常见故障诊断及维护

计算机系统包含多种部件和外围设备，使用时难免会发生各种故障。大多数常见的硬件故障可以通过简单的分析和排除找出原因，并对症下药对故障进行正确的处理。在计算机的使用过程中会遇到各式各样的问题，其中最为常见的莫过于软件故障，例如文件丢失、文件版本不匹配或内存冲突等，这些都会影响到用户计算机的正常运行。

【学习目标】
- 了解常见硬件故障及原因分析。
- 掌握常用硬件故障的诊断方法。
- 了解各部件和设备的常见故障原因和处理方法。
- 了解软件故障产生的原因。
- 掌握一些常见软件故障的排除方法。

12.1 计算机故障概述

计算机虽然是一种精密的电子设备，但是同时也是一种故障率很高的电子设备，其引发故障的原因以及故障表现形式多种多样。

12.1.1 计算机故障分类

从计算机故障产生的原因来看，通常分为硬件故障和软件故障两类。

1．硬件故障

硬件故障跟计算机硬件有关，是由主机与外设硬件系统使用不当或硬件物理损坏而引起的故障，例如主板不识别硬盘、鼠标按键失灵以及光驱无法读写光盘等都属于硬件故障。

硬件故障通常又分为"真"故障和"假"故障两类。"真"故障是指硬件的物理损坏，例如电气或机械故障、元件烧毁等。"假"故障是指因为用户操作失误、硬件安装或设置不正确等造成计算机不能正常工作。"假"故障并不是真正的故障。

2. 软件故障

软件故障是指软件安装、调试和维护方面的故障。例如软件版本与运行环境不兼容，从而使软件不能正常运行，甚至死机和丢失文件。软件故障通常只会影响计算机的正常运行，但一般不会导致硬件损坏。

软件故障和硬件故障之间没有明确的界限：软件故障可能由硬件工作异常引起，而硬件故障也可能由于软件使用不当造成。因此在排除计算机故障时需要全面分析故障原因。

12.1.2　硬件故障产生的原因

硬件故障的产生原因多种多样，对于不同的部件和设备，引起故障的主要原因可归纳为以下几点。

1. 硬件自身质量问题

有些厂家因为生产工艺水平较低或为了降低成本使用了劣质的电子元器件，从而造成硬件在使用过程中容易出现故障。

2. 人为因素影响

有些硬件故障是因为用户的操作或使用不当造成的，例如带电插拔设备、设备之间插接方式错误、对 CPU 等部件进行超频但散热条件不好等，均可导致硬件故障。

3. 使用环境影响

计算机是精密的电子产品，因此对环境的要求比较高，包括温度、湿度、灰尘、电磁干扰以及供电质量等方面，都应尽量保证在允许的范围内，例如高温环境无疑会严重影响 CPU 及显卡的性能。

4. 其他影响

由于器件正常的磨损和老化引发的硬件故障。

12.2　硬件故障诊断方法

在对硬件故障进行诊断之前，首先应了解各种诊断工具的使用方法以及诊断过程中的安全问题，并熟悉诊断的原则和步骤以及常用的诊断方法等。

12.2.1　诊断工具

在硬件故障诊断过程中通常要用到的工具有万用表、主板测试卡和网线测试仪等。

1．万用表

万用表是计算机故障维护最常用的测量工具之一，常用来测量电路及元器件的输入、输出电信号。常用的万用表有数字式和指针式两种，如图 12-1 和图 12-2 所示。

● 数字式万用表：使用液晶显示屏显示测试结果，非常直观，使用也很方便，其特有的蜂鸣器可方便地判断电路中的通、断路情况。

● 指针式万用表：通过指针来指示电阻、电压、电流和电容等值，其优点是测量精度高于

图 12-1　数字式万用表　　　图 12-2　指针式万用表

数字式万用表，但是用起来不如数字万用表方便、直观。

2．主板测试卡

主板测试卡（见图 12-3）是利用主板中 BIOS 内部自检程序的检测设备，通过代码显示出来，结合说明书的"代码含义速查表"就能很快地知道计算机的故障所在。尤其在计算机不能引导操作系统、黑屏或主板未发出提示音时，使用主板测试卡检测故障能达到事半功倍的效果。

　　在开机前把主板测试卡插到主板相应的插槽（大多为 PCI 插槽）上，开机后测试卡上会显示两位十六进制数，如果长时间停在某个数字上不动，说明该步检测有异常，然后根据计算机的 BIOS 类型，在说明书中找到与显示的数字对应的故障说明。

3．网线测试仪

网线测试仪（见图 12-4）用于测试网线的连通情况，网络发生故障时，可将网线插到测试接口上，通过提示灯的亮灭来判断网线是否正常，为网络故障原因的确定提供依据。

图 12-3　主板测试卡　　　　　　　　　图 12-4　网线测试仪

12.2.2　诊断安全

在诊断过程中所接触的设备既有强电系统，又有弱电系统；诊断过程中既有断电操作又有带电操作，用户应采取正确的方法，防止对计算机和设备造成损坏，保证用户的安全。

1．交流供电系统安全

计算机一般使用市电 220V、50Hz 的交流电源，电源线太多时，布线要合理，不要交叉，而且要避免乱引乱放的情况。如果条件允许，在接通电源之前最好用交流电压表检查市电是否正常，防止高压对硬件的损坏。

2．直流稳压电源安全

机箱电源输出为 ±5V、±12V 和 ±25V 等直流电，使用不当将会对机器、设备，特别是集成电路造成严重的损坏。所以在连接电源线时，务必不能接错极性，不要短路。

3．导线安全

在故障诊断之前，要严格检查导线，看导线有无损坏或不必要的裸露，如发现必须立即更换或采取绝缘、屏蔽和包扎等措施。

4．带电检测与维修安全

切忌直接用手触摸机器、设备、元器件和测试笔头、探头等位置，以免发生意外事故或造成新的故障。

5．接地安全

在进行带电操作之前，最好先用电压探测笔或电压表对机箱外壳进行测试，确定安全后再进行操作。在断电操作时，也要先将机箱外壳接地，释放可能携带的静电，防止静电对机箱内的电路元件造成损坏。

6．电击安全

电击会对人体、机器、设备甚至房屋造成严重的损害。一般在雷雨天应避免对计算机进行操作，并拔掉电源线、网线等。

7．振动和冲击安全

要避免振动和冲击，特别是在带电操作中，因为设备（如显示器）在受到严重的机械振动和冲击时有引起爆炸的危险。

8．维护人员安全

维护人员不但要熟悉计算机原理和操作规程，还要熟悉仪器、仪表的使用方法，在维护过程中全神贯注、认真负责，这样才能有效并安全地完成诊断与维修任务。

12.2.3　诊断原则

在对硬件故障进行诊断的过程中，一般需要坚持以下 4 项原则。

1．先静后动

先静后动原则包括以下 3 个内容。

● 检测人员先静后动原则：排除故障前不可盲目动手，应根据故障的现象、性质考虑好检测的方案和方法，以及用何种仪器设备，然后再动手排除故障。

● 被检测的设备先静后动原则：应先在系统不通电的情况下进行静态检查，以确保安全可靠，若不能正常运行，则需在动态通电情况下继续查出故障。

● 被测电路先静后动原则：指先使电路处于直流工作状态，然后排除故障。此时如电路工作正常（输入、输出逻辑关系正确），再进行动态检查（电路的动态是指加入其他信号的工作状态）。

2．先电源后负载

电源故障比较常见，所以当系统工作不正常时，首先应考虑供电系统是否有问题。先检查保险丝是否被熔断，电源线是否接好或导通，电压输出是否正常，当这些全部检查完毕后，再考虑计算机系统的问题。

3．由表及里

由表及里有两层含义，第一层含义为先检查外表，查看是否有接触不良、机械损坏和松动脱落等现象，然后再进行内部检查；第二层含义为先检查机器外面的部件，如按钮、插头和外接线等，然后再检查内部部件和接线。

4．由一般到特殊

由一般到特殊是指先分析常见的故障原因，然后再考虑特殊的故障原因。因为常见故障的发生率较高，而特殊故障的发生率较低。

12.2.4　诊断步骤

按照正确的诊断步骤，可以更快、更准确地找到故障原因，从而达到事半功倍的效果。

1．由系统到设备

指当一个计算机系统出现故障时，首先要判断系统中哪个设备出了问题，是主机、显示器、键盘还是其他设备。

2．由设备到部件

指检测出设备中某个部件出了问题（如判断是主机出现故障）后，要进一步检查是主机中哪个部件出了问题，是 CPU、内存条、接口卡还是其他部件。

3．由部件到器件

指检测故障部件中的具体元器件和集成电路芯片。例如已知是主板的故障，而主板上有若干集成电路芯片，像 BIOS 芯片一般是可以替换的，所以要根据地址检测出是哪一片集成电路的问题。

4．由器件的线到器件的点

指在一个器件上发生故障，首先要检测是哪一条引脚或引线的问题，然后顺藤摸瓜，找到故障点，如接点和插点接触不良，焊点、焊头的虚焊，以及导线、引线的断开或短接等。

　　当计算机发生故障时，一定要保持清醒的头脑，做到忙而不乱，坚持循序渐进、由大到小、由表及里的原则，千万不要急于求成，对机器东敲西碰，这样做非但不能解决问题，甚至还有可能造成新的故障。

12.2.5　诊断方法

对于不同类型的故障，其诊断方法也不同。为了能更快、更准确地诊断出故障的原因，掌握各种诊断方法就显得非常重要。

1．交换法

交换法是在计算机硬件故障诊断过程中最常用的方法。在对计算机硬件故障进行诊断过程中，如果诊断出某个部件有问题，而且身边有类似的计算机，就可以使用交换法快速对故障源进行确定。常用的操作方法主要有以下两种。

● 利用正常工作的部件对故障进行诊断：用正常的部件替换可能有故障的部件，接到故障计算机上，从而确定故障源的位置。

● 利用正常运行的计算机对部件故障进行确定：将可能有故障的部件接到能正常工作的计算机上，从而确定部件是否正常。

　　交换法非常适用于易插拔的组件，如内存条、硬盘、独立显卡、独立网卡等，但前提是必须要有相同型号插槽的主板。

2．插拔法

插拔法是确定主板和I/O设备故障的简便方法，其操作方法如下。

● 诊断是因为部件松动或与插槽接触不良引起的故障，可将部件拔出后再重新正确插入，以确定或排除故障。

● 将可能引起故障的部件逐块拔下，每拔一块都要观察计算机的运行情况，以此确定故障源。

　　不能带电拔插，要关机断电后再进行拔插，确认安装无误后再加电开机。接触板卡元器件时要先释放静电，方法是用手摸一下水管或地面。

3．清洁法

如果计算机在比较差的环境中运行，如灰尘比较多、温度和湿度比较高等，则很容易产生故障。对于此类故障，一般采用清洁法进行诊断和维修，其操作方法如下。

● 使用软刷清理主机或部件上的灰尘，以确定并解决因散热导致的故障。

● 使用橡皮擦擦拭部件的金手指，以确定并解决因氧化导致的故障。

4．最小系统法

最小系统法是指在计算机启动时只安装最基本的设备，包括CPU、显卡和内存，连接上显示器和键盘，如果计算机能够正常启动，则表明核心部件没有问题，然后依次加上其他设备，这样可快速定位故障原因。

　　一般在开机后系统没有任何反应的情况下，应使用最小系统法。如果系统不能启动并发出报警声，则可确定是核心部件出现故障，可通过报警声来定位故障。

5．直接感觉法

直接感觉法是指通过人的眼、耳、鼻、手来发现并判断故障的方法，其操作方法如下。

● 使用眼睛观察系统板卡的插头、插座有无歪斜；电阻、电容引脚是否相碰；表面是否烧焦变色；芯片表面是否开裂；主板上的铜箔是否烧断。此外还要查看是否有异物掉入主板元器件之间而造成短路。

● 使用耳朵监听电源风扇、显示器变压器以及软、硬盘等设备的工作声音是否正常，系统有无其他异常声响。

● 使用鼻子辨闻主机、外围设备板卡中有无烧焦的气味，便于找到短路故障处。

● 用手按压插座式的活动芯片，检查芯片是否松动或接触不良。此外，在系统运行时，用手触摸或靠近 CPU、硬盘和显卡等部件，感觉其温度可判断设备运转是否正常。如果某个芯片的表面发烫，则说明该芯片可能已损坏。

6. 诊断程序和硬件测试法

常用的两种程序是主板 BIOS 中的 POST（Power On Self Test）自检程序和高级故障诊断程序，其操作方法主要有以下几种。

● 通过 POST 自检程序，根据相应的声音提示判断故障源位置。

● 根据屏幕上出现的提示信息确定故障原因。

主板 BIOS 在系统启动时会发出不同的声音，提示系统是否正常启动或故障发生的部位，对于不同的 BIOS，其提示声的含义也不同，对于常见的 Award BIOS 和 AMI BIOS，其提示声的含义如表 12-1 和表 12-2 所示。

表 12-1　　　　　　　　　　　　　　Award BIOS 自检响声的含义

提 示 声	含 义
1 短	系统正常启动，说明机器没有任何问题
2 短	常规错误，可进入 CMOS Setup，重新设置不正确的选项
1 长 1 短	内存或主板出错。换一条内存试试，若还是不行，应更换主板
1 长 2 短	显示器或显示卡出错
1 长 3 短	键盘控制器出错。检查主板
1 长 9 短	主板 Flash RAM（闪存）或 EPROM 错误，BIOS 损坏。换块 Flash RAM 试试
不断地响（长声）	内存条未插紧或损坏。重插内存条，若还是不行，更换一条内存
不停地响	电源、显示器未和显示卡连接好。检查一下所有的插头
重复短响	电源有问题
无声音无显示	显示卡接触不良或电源有问题

表 12-2　　　　　　　　　　　　　　AMI BIOS 自检响声的含义

提 示 声	含 义
1 短	内存刷新失败。更换一条内存
2 短	内存 ECC 校验错误。在 CMOS Setup 中，将内存关于 ECC 校验的选项设为 "Disabled" 就可以解决，不过最根本的解决办法还是更换一条内存
3 短	系统基本内存（内存的第 1 个 64kB 空间）检查失败。更换一条内存
4 短	系统时钟出错
5 短	中央处理器（CPU）出错
6 短	键盘控制器出错
7 短	系统实模式出错，不能切换到保护模式
8 短	显示内存出错。更换显卡
9 短	ROM BIOS 检验错误
1 长 3 短	内存出错。更换一条内存
1 长 8 短	显示测试出错。显示器数据线没插好或显示卡没插牢

12.3 典型硬件故障及其排除

下面对主机中的各种部件和计算机各种外围设备的常见故障产生原因和处理方法进行详细的分析，并列举一些常见的故障现象，在遇到类似的故障时作为诊断和维修的参考。

12.3.1 CPU 和风扇故障

CPU 是计算机的核心部件，也是整个计算机系统中最重要的部件之一。CPU 一旦出现故障，会影响整个计算机系统的正常运行。

1. 接触不良类故障

将 CPU 从 CPU 插槽中取出，并检查 CPU 针脚是否有氧化或断裂现象，除去 CPU 针脚上的氧化物或将断裂的针脚焊接上，再将 CPU 重新插好即可，如图 12-5 和图 12-6 所示。

图 12-5　CPU 针脚断裂

图 12-6　焊接的 CPU 针脚

2. 散热类故障

CPU 散热不良导致计算机黑屏、重启、死机等，严重的会烧毁 CPU。原因一般为 CPU 风扇停转、CPU 散热片与 CPU 接触不良、CPU 周围和散热片内灰尘太多等。

解决方法主要有更换 CPU 风扇、在 CPU 散热片和 CPU 之间涂抹硅脂、清理 CPU 周围和散热片上的灰尘。对 CPU 周围和散热片清理前后的对比效果如图 12-7 所示。

（a）CPU 散热片灰尘太多

（b）CPU 周围的灰尘

（c）CPU 周围近照

（d）清理灰尘后的效果

图 12-7　CPU 周围和散热片灰尘清理前后对比效果

【例 12-1】CPU 过热导致自动重新启动。

【故障描述】

系统经常在运行一段时间后突然自动重新启动或自动关闭，而且按下主机电源开关后不能正常启动，但过一段时间后再次按下电源开关又能正常启动系统。

【故障分析】

打开机箱，查看 CPU 的散热片和风扇中的灰尘是否过多，在通电情况下查看 CPU 风扇运转是否正常，用手触摸 CPU 散热片，感觉温度是否正常。

【故障排除】

若发现 CPU 风扇运转不正常，则应查看风扇的电源线是否正确插接，若风扇已损坏，则应更换风扇。若 CPU 散热片温度过高，应拆下风扇对散热片和风扇上的灰尘进行清理。

【例 12-2】CPU 针脚接触不良导致计算机无法启动。

【故障描述】

按下主机电源开关后主机无反应，屏幕上无显示信号输出，但有时又正常。

【故障分析】

首先诊断是显卡出现故障，用替换法检查后，发现显卡无问题。然后拔下插在主板上的 CPU，仔细观察后发现 CPU 并无烧毁痕迹，但 CPU 的针脚均发黑、发绿，有氧化的痕迹。

【故障排除】

清洁 CPU 针脚，然后将 CPU 重新安装，故障得到解决。

12.3.2　主板故障

计算机通过主板将各个部件连接组成一个有机的整体，主板是计算机稳定可靠运行的平台。

如果主板出现故障，则会严重影响系统的正常运行，甚至导致计算机不能正常启动。

1．主板故障产生原因

主板故障产生的原因大致分为以下几种。

（1）环境因素。计算机的工作环境太差是主板出现故障的主要原因之一，如温度太高、不通风、灰尘太多以及空气干燥产生静电等。图 12-8 所示为灰尘过多的主板及其清理效果。

（a）主板上灰尘太多　　　　　　　　　　　　（b）清理主板上灰尘

图 12-8　主板上的灰尘及清理

（2）电源因素。电压太高或太低都会引起主板工作不稳定或损坏等故障。主机电源质量太差，输出的电压太高或太低，也有可能造成主板出现故障，长期使用还有可能造成主板上的芯片损坏。

（3）人为因素。由于在插拔内存、显卡等器件时方法不当，造成主板上的插槽损坏，如图 12-9 所示。

图 12-9　主板内存插槽损坏

2．主板故障诊断步骤

主板发生故障的部位主要有芯片组、晶体振荡器、鼠标接口、键盘接口、硬盘接口、各种部件插槽以及电池等，通常可以按照以下几个方面对故障进行诊断。

● 主板上的插槽与各种接口卡或外围设备相连接，易发生接触不良或带电插拔烧坏插槽等情况，首先应使用插拔法、清理法和交换法对这些部位进行诊断。

● 各种芯片组、存储器容易因为电源或电池供电不足导致运行不正常，或者受到强电压的冲击造成损坏，可使用诊断程序和硬件测试法进行诊断。

● 各种接口可能由于经常扳动造成焊接点松脱或接口损坏等故障，可使用观察法对部件故障进行确认。

● 各种设置开关和跳线可能由于插接不正确而导致主板不能正常工作，可对照主板说明对其进行确认或重新插接。

【例 12-3】更改 BIOS 设置后不能长时间保存。

【故障描述】

对 BIOS 的设置进行更改后，等到第二次启动计算机时又恢复到原来的设置，并且系统时间又跳回到主板的初始时间。

【故障分析】

此故障是因为 BIOS 设置在断电后无法保存导致的，一般是由主板 CMOS 跳线设置不当或主板电池电力不足造成。

【故障排除】

对照主板说明书，查看 CMOS 的跳线设置是否正确，若不正确，则设置到正确的位置。如果仍不能解决，则更换主板电池即可。

【例 12-4】主板高速缓存不稳定引起故障。

【故障描述】

在 CMOS 中设置使用主板的二级高速缓存（L2 Cache）后，在运行软件时经常死机，而禁止二级高速缓存时系统可正常运行。

【故障分析】

引起故障的原因可能是二级高速缓存芯片工作不稳定，用手触摸二级高速缓存芯片，如果某一芯片温度过高，则很可能是不稳定的芯片造成的。

【故障排除】

禁用二级高速缓存或更换芯片即可。

12.3.3　内存故障

内存如果出现故障，会造成系统运行不稳定、程序出现问题和操作系统无法安装等故障。内存故障产生的原因主要有以下几点。

1．接触不良

由于内存条金手指处发生氧化或有灰尘而造成接触不良，这也是内存条出现故障的主要原因。通常可将内存条取下，用橡皮擦擦拭金手指后重新插上以解决此类故障。

2．内存条质量问题

劣质的内存条产品会造成兼容性和稳定性方面的问题，应在购买内存条时注意辨别真伪。

3．内存损坏

由于强电压或安装时操作不当，造成内存芯片或金手指被烧坏，从而出现故障，如图 12-10 所示。

【例 12-5】内存问题导致不能安装操作系统。

【故障描述】

对计算机硬件进行升级后（如安装双内存），重新对硬盘分区并安装 Windows 7 操作系统，但在安装过程中复制系统文件时出错，不能继续进

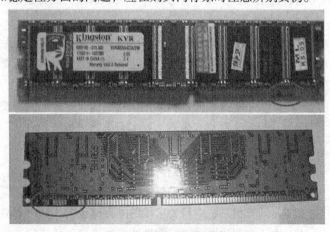

图 12-10　被烧坏的内存条

行安装。

【故障分析】

由于硬盘可以正常分区和格式化，所以排除硬盘有问题的可能性。

首先考虑安装光盘是否有问题，格式化硬盘并更换一张可以正常安装的 Windows XP 安装光盘后重新安装，仍然在复制系统文件时出错。如果只插一根内存条，则可以正常安装操作系统。

【故障排除】

此故障通常是因为内存条的兼容问题造成的，可在只插一根内存条的情况下安装操作系统，安装完成后再将另一根内存条插上，通常系统可以正确识别并正常工作。

除此之外，也可更换一根兼容性和稳定性更好的内存条。

12.3.4　硬盘故障

硬盘上存储有大量的数据，一旦硬盘出现故障不能正常使用，对用户来说不仅是金钱上的损失，还会丢失很多资料。硬盘出现故障的原因主要有以下几种。

1．人为因素

由于拔插硬盘时用力过大或插接方向不正确，造成硬盘接口针脚断裂，从而导致硬盘不能正常读取数据，也可能是对硬盘进行格式化或分区时操作不当造成分区表丢失或损坏。

2．设置不当

由于硬盘的跳线设置不当、BIOS 设置不当、操作系统中对硬盘的传输模式设置不当等，造成不能正常读取数据或读取数据较慢的故障。

3．自然损耗因素

随着使用时间的增加，由于自然磨损等原因，硬盘出现不能正常读取数据或读取数据时噪声过大等情况，此时应及时更换硬盘并转移资料，避免硬盘完全损坏而造成数据丢失。

【例 12-6】 开机自检后不能进入操作系统。

【故障现象】

开机自检完成后，不能正常进入操作系统。

【故障分析】

有可能是误操作或者病毒破坏了引导扇区，或者是系统启动文件被破坏或 0 磁道损坏。

【排除故障】

（1）用启动盘启动硬盘，用"SYS C:"命令修复系统启动文件。

（2）如果无效，可以使用杀毒工具检查是否有病毒，如果属于病毒破坏引导扇区的情况就可以解决。

（3）如果不是这些问题，就用诺顿磁盘医生修复引导扇区和 0 磁道。

（4）如果无法修复 0 磁道，就需要维修或更换硬盘了。

12.3.5　光驱故障

光驱是计算机系统中较为常用的外存储设备，其出现故障的原因主要有以下几点。

● 由于光驱的电源线、数据线松脱造成不能正常工作和读取数据。

- 在进行主从设备安装时没有正确地设置跳线。
- 光驱中的激光头老化或被灰尘遮挡。

【例 12-7】光驱不能读取光盘数据。

【故障描述】

光驱可以正常开合，将光盘放入光驱后，在系统中打开，光驱盘符显示为空，查看光驱属性发现无数据。

【故障分析】

- 光驱可以正常开合，证明光驱通电情况正常。
- 首先更换一张光盘后进行数据读取，以确定是否是光盘自身的问题。
- 再打开机箱，查看光驱的数据线是否连接好。
- 最后可使用清洁工具光盘对光驱的激光头进行清洗。

【故障排除】

- 若更换光盘后能正常读取数据，则证明是原光盘有问题，可对其进行清洗并擦拭干净后再次进行读取。
- 若是因为数据线松脱造成问题，则将数据线连接好。
- 若对激光头进行清洗后能正常读取数据，则证明是激光头上有灰尘。
- 若以上情况都被排除后，则可能是光驱自身有问题，应送去维修或更换。

12.3.6　显卡故障

显卡作为计算机系统的一个主要部件，发生故障的概率也较高。通常引起显卡故障的原因有以下几种。

1．接触不良

显卡的金手指氧化可能造成与主板上的显卡插槽接触不良，一般可拔插一次显卡并清洁显卡的金手指部位即可排除故障。

2．驱动程序故障

进入系统后显卡显示不正常，一般是由于驱动程序没有安装正确或是驱动程序出错造成的，只需重新安装驱动程序即可解决故障。

3．散热问题

显卡因风扇停转或散热片灰尘太多造成散热不良，从而导致温度过高，可能造成花屏、无故死机或关机、无法正常启动等问题。

4．显卡芯片故障

显卡上的 GPU 芯片、显存芯片等因过热或强电压出现故障，此类故障只有联系专业维修人员进行维修或进行更换才可解决。

【例 12-8】因显卡与插槽接触不良引起计算机不能正常启动。

【故障描述】

计算机不能正常启动，打开机箱，通电后发现 CPU 风扇运转正常，但显示器无显示，主板也无任何报警声响。

【故障分析】

- CPU 风扇运转正常，证明主板通电正常。
- 拔下内存条后再通电，若主板发出报警声，则说明主板的 BIOS 系统工作正常。
- 插上内存条并拔下显卡，主板也有报警声，证明显卡插槽正常，排除显卡损坏的可能，则确定是因为显卡与插槽接触不良。

【故障排除】

使用橡皮擦擦拭显卡的金手指后再插入插槽即可解决故障。

【例 12-9】因显卡散热不良引起花屏现象。

【故障描述】

计算机能正常启动运行，但在运行 3D 软件或游戏进行一段时间后会出现花屏现象。

【故障分析】

- 此类故障一般首先诊断是显卡的问题，打开机箱，启动计算机查看显卡风扇运转是否正常。
- 用手触摸显卡散热片和背面，感觉显卡的温度是否正常。若出现发烫或温度上升很快等现象，则证明是因为散热不良而导致故障。
- 若散热片温度正常，而显卡背面温度较高，则可能是因为散热片与显卡芯片接触不良。

【故障排除】

- 若风扇运转出现问题，则需送去维修或更换新的风扇。
- 若只是散热问题，则可对散热片和风扇上的灰尘进行清理。
- 若是因为散热片与显卡芯片接触不良，则一般需要送往维修点加涂硅胶导热。

12.3.7　电源故障

电源作为主机的供电设备，是计算机系统能否正常工作的保障。若电源工作不正常，则有可能烧坏主板和各种部件；若不能提供充足的电功率，则会造成各部件不能正常工作。

1．强电压

强电压的冲击对于电源，特别是对于质量不太好的电源，会造成保险丝熔断、电容烧坏等故障，此时应更换元件或更换电源。质量好的电源可有效抵抗强电压的冲击，并在强电压冲击时有效地保护主机内部的器件，所以应尽量选购质量较好的电源。

2．灰尘

电源内部最容易吸附灰尘，灰尘过多可能造成电源散热不良或短路的发生。由于电源内有大电容，操作不当可能引发瞬时高压，会对人员造成危险，所以一般非专业人员最好不要私自打开电源，可送往专业维修点进行灰尘的清理。

【例 12-10】电源故障导致不能正常启动。

【故障描述】

计算机启动时能通过自检，一段时间后电源突然自动关闭。

【故障分析】

- 将电源连接到其他计算机中观察运行是否正常。
- 电源超过某个额定范围时，电源的过流和过压保护启动，便会自动关闭电源，有必要检查交流市电是否为 220V。

● 计算机中的部件局部漏电或短路，将导致电源输出电流过大，电源的过流保护将起作用，自动关闭电源。此时可用最小系统法逐步检查，找出硬件故障。

● 电源与主板不兼容也可能导致此故障。

【故障排除】

● 连接到其他计算机后，若工作也不正常，则可能是电源出现故障；若工作正常，则可能是原计算机系统中的部件过多，耗电量过大，而电源功率不足，造成供电不足引起故障，此时应更换功率更大的电源。

● 若检测出交流市电波动较大，则可以加一个稳压器。

● 如果是电源与主板不兼容，可能是由于电源或主板的生产厂家没有按常规标准生产器件，此时需要更换电源。

12.3.8　鼠标和键盘故障

鼠标和键盘作为计算机的基本输入设备，若发生故障，则会影响计算机的正常使用。鼠标和键盘的常见故障原因有以下几点。

1．自然损耗因素

鼠标和键盘也有一定的使用寿命，一般在长时间使用后会出现按键失效或不灵敏，可对其进行清理或更换，以解决此类故障。

2．人为因素

不小心将其摔坏；将液体溅入鼠标和键盘，从而造成电路损坏或短路，引起鼠标和键盘损坏或工作不正常；经常拔插鼠标和键盘或拔插方法不正确，造成接口损坏；连接时没有正确区分鼠标和键盘的接口，插接错误。

3．设置不当

在操作系统中，由于软件设置改变了鼠标或键盘的某些功能，如键盘上的数字键盘用于操作鼠标光标、鼠标的左右键调换等。对于此类故障，可查看相关资料，并根据需要进行正确的设置即可。

【例 12-11】键盘不能正常输入。

【故障描述】

计算机正常启动后，键盘没有任何反应。

【故障分析】

● 重新启动计算机，在自检时注意观察键盘右上角的"Num Lock"提示灯、"Caps Lock"提示灯和"Scroll Lock"提示灯是否闪了一下，进入系统后再分别按下键盘上这 3 个灯所对应的键，查看灯是否有亮灭现象。

● 检查键盘的连线是否正确，将键盘接到其他计算机中测试能否正常使用。

● 检查主板上键盘接口处是否有针脚脱焊、灰尘过多等情况。

【故障排除】

● 若键盘上的提示灯一直都没有亮，则有可能是键盘与主板没有连接好，可重新拔插一次确认正确连接即可。

● 因鼠标和键盘的接口外观相同，连接时应仔细辨别，或对照主板说明书进行正确插接。

- 若接到其他计算机中也不能正常使用，则可能是键盘已损坏，只需更换新键盘即可。
- 若检查主板上的键盘接口处的针脚有脱焊的情况，则应对其进行正确焊接；若发现该处灰尘太多，则有可能是由于灰尘造成短路，应对灰尘进行清理。

12.3.9　网卡故障

网卡作为与其他计算机进行数据交换的主要部件，若发生故障，则会影响网络的使用，并可能造成其他一些问题的产生。

【例 12-12】添加网卡后不能正常关机。

【故障描述】

计算机原来使用正常，但添加了一块网卡后不能正常关机。

【故障分析】

- 首先应重新安装网卡的驱动程序，以确定是否为驱动程序不正确造成的故障。
- 打开机箱，取下网卡并对网卡的金手指和主板上的 PCI 插槽进行清理，然后重新插上，以确定是否因灰尘过多造成接触不良。
- 最后可更换一个 PCI 插槽，或将网卡装到其他计算机上，以确定是否为 PCI 插槽或网卡自身的故障。

【故障排除】

- 若是由于网卡驱动程序不正确引起的故障，重新安装驱动程序即可。
- 若是由于接触不良引起的故障，则对网卡和插槽进行清理即可。
- 若更换 PCI 插槽后恢复正常，则可能是原 PCI 插槽损坏；若将网卡装到其他计算机上也出现类似故障，则可能是网卡损坏，应进行更换。

【例 12-13】网络时续时断。

【故障描述】

一块 PCI 总线的 10/100Mbit/s 自适应网卡，在 Windows XP 系统中使用时网络时续时断。查看网卡的指示灯，发现该指示灯时灭时亮，而且交替过程很不均匀。与该网卡连接的 Hub（集线器）所对应的指示灯也出现同样的现象。

【故障分析】

- 首先诊断是 Hub 的连接端口出了问题，可将该网卡接到其他端口上，若问题依旧，说明 Hub 没有问题。
- 再用网卡随盘附带的测试程序盘查看网卡的有关参数，其 IRQ 值为 5。然后返回到操作系统，查看操作系统分配给网卡的参数值，其 IRQ 同样是 5。
- 接着又诊断是安装该网卡的主板插槽有故障，于是打开机箱，换几个 PCI 插槽，问题仍然存在。
- 更换多块网卡，问题依旧，说明不是网卡损坏的问题。
- 最后检查 CMOS 参数设置。

【故障排除】

- 进入 CMOS 设置。
- 选择【PnP/PCI Configuration】选项，可发现【IRQ5】选项后面的状态为 "Legacy ISA"。

● 将【IRQ5】选项状态改为"PCI/ISA Pnp"后，网卡即可工作正常。

12.4 计算机软件故障概述

与硬件故障相比，软件故障虽然破坏性较弱，但是其发生频率更高。总结起来，其主要原因有以下几个方面。

12.4.1 软件故障原因分析

导致计算机软件故障的原因主要有以下几个方面。

1. 文件丢失

文件丢失往往导致软件无法正常运行，特别是重要的系统文件。

（1）虚拟驱动程序和某些动态链接库文件损坏。每次启动计算机和运行程序的时候，都会关联上百个文件，但绝大多数文件是一些虚拟驱动程序（Virtual Device Drivers，VXD）和应用程序依赖的动态链接库文件（Dynamic Link Library，DLL）。当这两类文件被删除或者损坏时，依赖于它们的设备和文件就不能正常工作。

（2）没有正确地卸载软件。如果用户没有正确地卸载软件而直接删除了某个文件或文件夹，系统找不到相应的文件来匹配启动命令，这样不但不能完全卸载该程序，反而会给系统留下大量的垃圾文件，成为系统产生故障的隐患。只有重新安装软件或者找回丢失的文件才能解决这个问题。

（3）删除或重命名文件。如果桌面或【开始】菜单中的快捷方式所指向的文件或文件夹被删除或重命名，在通过该快捷方式启动程序时，屏幕上会出现一个对话框，提示"快捷方式存在问题"，并让用户选择是否删除该快捷方式。此故障可通过修改快捷方式属性或重新安装软件来解决。

2. 文件版本不匹配

用户会随时安装各种不同的软件，包括系统的升级补丁，都需要向系统复制新文件或替换现存的文件。在安装新软件和进行系统升级时，复制到系统中的大多是 DLL 文件，而这种格式的文件不能与现存软件"合作"是大多数软件不能正常工作的主要原因。

3. 非法操作

非法操作是由于人为操作不当造成的。如卸载程序时不使用程序自带的卸载程序，而直接将程序所在的文件夹删除，或计算机感染病毒后，被杀毒软件删除的部分程序文件导致的系统故障等。

4. 资源耗尽

一些 Windows 程序需要消耗各种不同的资源组合，如 GDI（图形界面）集中了大量的资源，这些资源用来保存菜单按钮、面板对象、调色板等；第二个积累较多的则是 USER（用户）资源，用来保存菜单和窗口的信息；第三个是 System（系统）资源，是一些通用的资源。某些程序在运行时可能导致 GDI 和 USER 资源丧失，进而导致软件故障。

5. 病毒问题

计算机病毒会给系统带来难以预料的破坏，有的病毒会感染硬盘中的可执行文件，使其不能正常运行；有的病毒会破坏系统文件，造成系统不能正常启动；还有的病毒会破坏计算机的硬件，使用户蒙受更大的损失。

12.4.2　软件故障解决方法

软件故障的种类非常繁多，但只要有正确的思路，故障也会迎刃而解。

1．CMOS 设置问题

如果对 CMOS 内容进行了不正确的设置，那么系统会出现一系列的问题。在进行 BIOS 自检前对 CMOS 中的内容进行一次检查。用【Load BIOS Defaults】或【Load SETUP Defaults】选项恢复其默认的设置，再对一些比较特殊的或后来新增的设备进行设置，以确保 CMOS 设置的正确性。

2．硬件冲突问题

硬件冲突是常见故障，通常发生在新安装操作系统或安装新的硬件之后，表现为在 Windows 的设备管理器中无法找到相应的设备，设备工作不正常或发生冲突，这可能是硬件占用了某些中断，导致中断或 I/O 地址冲突。一般可删除某些驱动程序或先去除某些硬件，再重新安装即可。

3．升级软件版本

有些低版本的软件本身存在漏洞，运行时容易出错。如果一个软件在运行中频繁出错，可以升级该软件的版本，因为高版本的软件往往更加稳定。

4．利用杀毒软件

当系统运行缓慢或出现莫名其妙的错误时，应当运行杀毒软件扫描系统，检测是否存在病毒。

5．寻找丢失文件

如果系统提示某个系统文件找不到了，可以从其他使用相同操作系统的计算机中复制一个相同的文件，也可以从操作系统的安装光盘中提取原始文件到相应的系统文件夹中。

6．重新安装应用程序

如果是应用程序运行时出错，可以将这个程序卸载后重新安装，在多数时候重新安装程序可以解决很多程序运行故障。同样，重新安装驱动程序也可解决因驱动程序出错而发生的故障。

12.5　典型软件故障及其排除

前面分析了软件故障产生的原因以及解决方法，但针对具体问题还得具体分析，下面将对一些常见的系统软件故障和应用软件故障进行分析，并介绍排除故障的方法。

12.5.1　系统软件故障

下面通过一些具体的案例来介绍系统常见的软件故障。

【例 12-14】Windows 7 系统不能正常关机。

【故障描述】

在关闭计算机时，计算机没有响应或者出现一个有闪烁光标的空白屏幕。

【故障分析】

引起 Windows 系统关机故障的原因主要有以下两点。

● 系统文件冲突。

● CMOS 设置不当。

【故障排除】

（1）Config.sys 文件或 Autoexec.bat 文件冲突的解决方法。检查 Config.sys 文件或 Autoexec.bat 文件中是否存在冲突。用文本编辑器查看这两个文件的内容，检查是否有多余的命令，也可以在语句前面加 "rem" 来禁止该语句的执行，逐步排除，直到发现有冲突的命令。

（2）CMOS 设置不当的解决方法。计算机启动时进入 CMOS 设置界面，重点检查 CPU 外频、电源管理、病毒检测、磁盘启动顺序等选项设置是否正确。具体设置方法可参看主板说明书，也可以直接恢复到厂家的出厂默认设置。

【例 12-15】关闭 Windows 7 后系统却重新启动。

【故障描述】

关闭 Windows 7 系统后，系统又自动重新启动。

【故障分析】

在默认情况下，当系统出现错误时，计算机会自动重新启动。这样，当用户关机时出现错误，系统也会自动重新启动。将该功能关闭往往可以解决自动重新启动的故障。

【故障排除】

（1）右键单击【计算机】图标，在弹出的快捷菜单中选择【属性】命令，弹出【控制面板】对话框，单击【高级系统设置】选项，如图 12-11 所示。

（2）在弹出的【系统属性】对话框中选中【高级】选项卡，如图 12-12 所示。

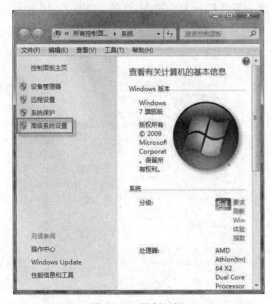

图 12-11　控制面板

图 12-12　打开【高级】选项卡

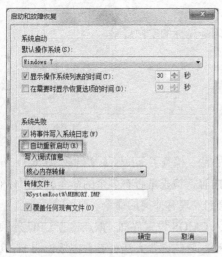

图 12-13　取消选中【自动重新启动】复选框

（3）单击【启动和故障恢复】栏中的 设置(T)... 按钮，弹出【启动和故障恢复】对话框。

（4）在【系统失败】栏中取消选中【自动重新启动】复选框，如图 12-13 所示。

【例 12-16】Windows 7 系统运行多个任务时，速度突然下降。

【故障描述】

计算机启动后，当同时使用 Word、QQ 和游戏等多个软件时，计算机速度会明显下降，并经常提示虚拟内存不足。

【故障分析】

正常情况下，目前计算机配置的内存运行多个软件不会对系统速度有太大的影响，更不会出现内存不足的情况，因此初步判断是因为虚拟内存设置不当引起的故障。一般 Windows 系统预设的是由系统自行管理虚拟内存，它会根据应用程序的需要而自动调节驱动器页面文件的大小，但这样的调节会给系统带来额外的负担，有可能导致系统运行速度变慢。

【故障排除】

（1）右键单击【计算机】图标，在弹出的快捷菜单中选择【属性】命令，弹出【控制面板】对话框，单击【高级系统设置】选项。

（2）在弹出的【系统属性】对话框中选中【高级】选项卡。

（3）单击【性能】栏中的 设置(S) 按钮，弹出【性能选项】对话框，再切换到【高级】选项卡，如图 12-14 所示。单击【虚拟内存】栏中的 更改(C) 按钮，弹出【虚拟内存】对话框，。

（4）选择驱动器为 C 盘，在【每个驱动器的分页文件大小】栏中选中【自定义大小】单选按钮，然后设置页面文件的初始大小和最大值。最大值一般为初始大小的 1～2 倍，如图 12-15 所示。

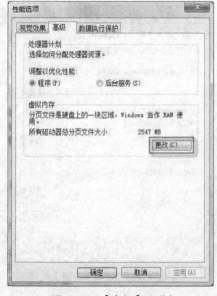

图 12-14　【高级】选项卡

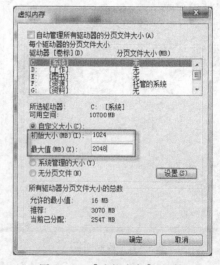

图 12-15　【虚拟内存】对话框

【例 12-17】Windows 7 系统运行时出现蓝屏。

【故障描述】

计算机在运行时突然出现蓝屏现象，如图 12-16 所示，在屏幕上显示停机码为 "0x0000001E：KMODE_EXCEPTION_NOT_HANDLED"。

【故障分析】

Windows 系统检查到一个非法或者未知的进程指令，这个停机码一般是由有问题的内存引起的，或者是由有问题的设备驱动、系统服务或内存冲突和中断冲突引起的。

图 12-16　蓝屏

【故障排除】

（1）内存不兼容的解决方法。如果更换一块与主板兼容的内存条后，蓝屏问题得到解决，那么该问题就是由于内存不兼容而引起的，因此更换一块与主板兼容的内存条即可。

（2）设备驱动问题的解决方法。如果在蓝屏信息中出现了驱动程序的名字，则在安全模式或者故障恢复控制台中禁用或删除驱动程序，并禁用所有刚安装的驱动和软件。如果错误出现在系统启动过程中，则进入安全模式，将蓝屏信息中所标明的文件重命名或者删除。

（3）其他问题引起蓝屏的解决方法。在安装 Windows 系统后第一次重启时即出现蓝屏，可能是系统分区的磁盘空间不足或 BIOS 兼容有问题。如在关闭某个软件时出现，则可能是软件本身存在设计缺陷，升级或卸载该软件即可。

【例 12-18】无法浏览网页。

【故障描述】

使用 IE 浏览器上网时无法打开网页。

【故障分析】

网络设置不当、DNS 服务器故障、网络防火墙问题、IE 损坏等都可能导致用户无法上网。

【故障排除】

（1）网络设置不当的解决方法。这种原因多为手动指定 IP、网关、DNS 服务器的连网方式不当而引起。在【Internet 协议（TCP/IP）属性】对话框中仔细检查计算机的网络设置，输入正确的 IP、网关和 DNS 即可解决问题。

（2）网络防火墙问题的解决方法。如果网络防火墙设置不当，如安全等级过高、将 IE 浏览器放进了阻止访问列表、错误的防火墙策略等，都可能导致无法上网。可以修改防火墙策略、降低防火墙安全等级或直接关闭防火墙。

（3）IE 浏览器损坏的解决方法。如果 QQ 等软件可以正常上网，但 IE 浏览器仍无法浏览网页，则可能是 IE 的内核损坏导致的故障，可进行下面的操作。

（4）在【开始】菜单底部文本框中输入 "regedit" 后回车，打开【注册表编辑器】窗口，并依次展开 HKEY_LOCAL_MACHINE\SOFTWARE\Microsoft\Active Setup\Installed Components\{89820200-ECBD-11cf-8B85-00AA005B4383}，如图 12-17 所示。

（5）双击右侧窗口的【IsInstalled】选项，在弹出的【编辑 DWORD 值】对话框中修改 DWORD 值，将【数值数据】参数修改为 0 即可，如图 12-18 所示。

图 12-17 【注册表编辑器】窗口　　　　图 12-18 【编辑 DWORD 值】对话框

【例 12-19】 IE 浏览器被恶意修改。

【故障描述】

IE 浏览器的标题栏被一些程序恶意修改，如在 IE 浏览器最上方的蓝色横条里显示广告，而不是默认的 "Microsoft Internet Explorer"。

【故障分析】

这是因为某些恶意网页在用户计算机中加了一个自运行程序，它会在系统启动时将用户的 IE 起始页设成非法的网站。

【故障排除】

（1）用前面介绍的方法打开【注册表编辑器】窗口。

（2）依次展开 HKEY_LOCAL_MACHINE\SOFTWARE\Microsoft\Windows\CurrentVersion\Run。

（3）在窗口右侧找到【registry.exe】选项，然后再删除自运行程序 "C:\Program Files\registry.exe"。

（4）最后从 IE 选项中重新设置起始页即可。

【例 12-20】 IE 浏览器窗口始终最小化。

【故障描述】

每次在 IE 浏览器中打开的都是最小化窗口，即便在窗口最大化后，下次启动 IE 浏览器后，新窗口仍旧以最小化显示。

【故障分析】

IE 浏览器具有 "自动记忆功能"，它能保存上一次关闭窗口后的状态参数，IE 浏览器本身没有提供相关的设置选项，不过可以借助修改注册表来实现。

【故障排除】

（1）打开【注册表编辑器】窗口，依次展开 HKEY_CURRENT_USER\Software\Microsoft\Internet Explorer\Desktop\OldWorkAreas，然后选择窗口右侧的【OldWorkAreaRects】选项并将其删除，如图 12-19 所示。

图 12-19 删除 OldWorkAreaRects 文件

（2）在【注册表编辑器】窗口中依次展开 HKEY_CURRENT_USER\Software\ Microsoft\ Internet Explorer\Main，选择窗口右侧的【Window_Placement】选项并将其删除。

（3）关闭【注册表编辑器】窗口，重新启动计算机，打开 IE 浏览器，将其窗口最大化，再还原窗口，再次最大化，最后关闭 IE 浏览器。以后重新打开 IE 浏览器时，窗口就显示正常了。

【例 12-21】内存不能为 "read" 的故障。

【故障描述】

在使用 IE 浏览器时，有时会弹出【iexplore.exe-应用程序错误】提示对话框，显示 "0x70dcf39f" 指令引用的 "0x00000000" 内存（或者 "0x0a8ba9ef" 指令引用的 "0x03713644" 内存）不能为 "read"，如图 12-20 所示。单击 确定 按钮后，又出现 "发生内部错误，您正在使用的其中一个窗口即将关闭" 的提示对话框，关闭该提示信息后，IE 浏览器也被关闭。

图 12-20　应用程序错误

【故障分析】

内存不能为 "read" 的故障主要是由内存分配失败引起的，造成这种问题的原因很多，内存不够、系统函数的版本不匹配等都可能导致内存分配失败。这种问题多见于操作系统使用很长时间，安装了多种应用程序（包括无意中安装的病毒程序），更改了大量的系统参数和系统档案之后。

【故障排除】

（1）在【开始】菜单底部文本框中输入 "regsvr32 actxprxy.dll"，回车后重新注册该 DLL 文件。

（2）用同样的方法再依次运行以下几个命令：regsvr32 shdocvw.dll、regsvr32 oleaut32.dll、regsvr32 actxprxy.dll、regsvr32 mshtml.dll、regsvr32 msjava.dll、regsvr32 browseui.dll 和 regsvr32 urlmon.dll。

（3）最后修复或升级 IE 浏览器，同时给系统打上补丁即可。

【例 12-22】Windows 7 系统中不能安装软件。

【故障描述】

一台安装了 Windows 7 系统的计算机在运行了一段时间后，无法再安装其他软件，每次安装的时候都会提示出错。

【故障分析】

出现这种故障一般是由于系统盘中的临时文件太多，占据了大量的磁盘空间，使得安装软件所需要的硬盘空间不足而引起的。

【故障排除】

运行磁盘清理程序，将系统盘的临时文件夹清空。

12.5.2　应用软件故障

【例 12-23】安装程序启动安装引擎失败。

【故障描述】

在安装软件时提示 "安装程序启动安装引擎失败：不支持此接口"。

【故障分析】

引起安装程序无法启动的原因比较多，但最可能的原因是软件安装需要的 Windows Installer 服务出现了问题。

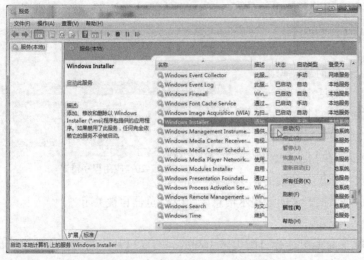

图 12-21　启动 Windows Installer 服务

【故障排除】

（1）在【开始】底部文本框中输入"服务"，然后回车，打开【服务】窗口。

（2）找到【Windows Installer】选项，然后启动该服务，如图 12-21 所示。

（3）重新安装软件，如果仍然存在问题，则可在微软站点下载最新的 Windows Installer 并重新安装。

【例 12-24】Foxmail 升级后无法发送邮件。

【故障描述】

Foxmail 升级之后只能接收邮件，而不能发送邮件。

【故障分析】

实现邮件收发需要借助于 POP3 和 SMTP 两种服务。POP3 用于接收邮件，而 SMTP 用于发送邮件。为了避免用户发送大量的垃圾邮件，许多新的 SMTP 服务器都采用了身份验证机制，在发送邮件时需要先进行身份验证，因此升级后的故障应该就出在这里。

【故障排除】

（1）启动 Foxmail，右键单击当前用户名并选择【属性】命令，弹出【邮箱账户设置】对话框。

（2）切换到【邮件服务器】标签卡，然后选中【SMTP 服务器需要身份验证】复选框即可。

【例 12-25】网际快车下载故障。

【故障描述】

安装网际快车后，不能使用鼠标右键下载文件。

【故障分析】

网际快车的安装路径一定不能用中文名，若使用中文名，不但会导致右键菜单中的相关命令不起作用，有时还会导致其他问题的出现。

【故障排除】

（1）将网际快车的安装路径用英文名称表示，如果右键菜单仍然不起作用，则将"jccatch.dll"和"fgiebar.dll"文件复制到"C:\Windows\system32"目录下。

（2）分别在【运行】对话框中输入"regsvr32 jccatch.dll"和"regsvr32 fgiebar.dll"后单击 确定 按钮，重新注册 DLL 文件。

（3）最后在【运行】对话框中输入"regsvr32 vbscript.dll"，重新注册该 DLL 文件。

【例 12-26】工行 U 盾在 Windows 7 系统下蓝屏。

【故障描述】

在 Windows7 系统中插入工行 U 盾，就会导致系统蓝屏。

【故障分析】

工行 U 盾与 Windows 7 系统不兼容。

【故障排除】

（1）安装捷德 U 盾驱动。

① 首先下载工行捷德 U 盾 Windows 7 驱动程序。如果用户安装了原来光盘中的 U 盾驱动，可以采取打补丁的方式，安装捷德 U 盾 Windows 7 专用驱动。

② 安装过程中会有两次 Windows 7 安全提示，选择【始终安装此驱动程序软件】选项，完成驱动程序的安装。

③ 再次插入工行 U 盾，Windows 7 系统会自动搜索驱动并提示安装成功，解决工行 U 盾与 Windows 7 系统不兼容的问题。

（2）安装华虹 U 盾驱动。

① 首先下载工行华虹 U 盾驱动程序，关闭 UAC（用户账户控制），然后以管理员身份运行该驱动。

② 插入华虹 U 盾，并指定搜索路径，如果默认路径是 "X:\Windows\System32\drivers"，此时需修改为 "X:\Windows\system32"（X 为 Windows 7 系统所在分区盘符）。接下来的操作按系统提示完成即可。

【例 12-27】登录 QQ 时提示快捷键冲突。

【故障描述】

正常启动 QQ 程序并登录到服务器时，出现快捷键冲突提示信息。

【故障分析】

在启动 QQ 前，用户可能启动了其他后台程序，而该程序中的相关快捷键设置与 QQ 的快捷键设置有所冲突（如 Photoshop 的撤销操作快捷键与 QQ 提取消息快捷键相同，均为 $\boxed{Ctrl}+\boxed{Alt}+\boxed{Z}$ 组合键）。

【故障排除】

首先检查正在后台运行的程序，把引起冲突的程序关闭即可。也可以在【QQ2012】面板左下角单击 按钮，从弹出的菜单中选取【系统设置】/【基本设置】选项打开【系统设置】对话框中，在左侧列表中选取【热键】选项重新设置快捷键，如图 12-22 所示。

图 12-22　重新设置快捷键

12.5.3　其他故障

【例 12-28】Flash 版本导致网页上的一些内容不能显示。

【故障描述】

刚刚安装的操作系统，可能没有安装最新版的 Flash Player，打开某些带有 Flash 的网页时，会弹出【你的 Flash 版本过低】提示。这时用户需要安装最新版本的 Flash Player，如图 12-23 所示。

图 12-23　未安装 Flash 播放器或者 Flash 播放器版本过低

【故障排除】

（1）首先关闭所有网页浏览器，在 adobe 官网或者相关网站下载 Flash Player 最新版本，双击打开安装包，如图 12-24 所示。

（2）出现 Flash 安装向导，选中【我已经阅读并同意 Flash Player 许可协议的条款】选项，然后单击安装按钮，如图 12-25 所示。

图 12-24　下载后的 Flash Player 安装包

图 12-25　Flash Player 安装向导

（3）等待一段时间后，安装完成，单击[完成]按钮退出安装向导。如图 12-26 所示。

（4）再次打开刚才的网页，可以成功播放 Flash 了，如图 12-27 所示。

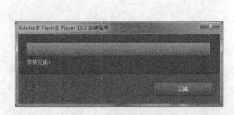

图 12-26　安装完成窗口

图 12-27　成功打开网页

【例 12-29】任务管理器没有标题栏和菜单栏。

【故障描述】

用户想查看当前计算机的性能以及运行的程序和进程等,就需要打开任务管理器进行查看,但是有时可能会遇到任务管理器没有标题栏和菜单栏的情况,这使用户不能切换查看的内容,如图 12-28 所示。

【故障排除】

（1）在任务栏单击鼠标右键,在弹出的快捷菜单中单击【启动任务管理器】选项,如图 12-29 所示。

图 12-28　任务管理器查看不了菜单栏

图 12-29　启动任务管理器

（2）如果发现没有菜单任务栏,在任务管理器窗口四周的空白处双击鼠标左键即可恢复原来的窗口,如图 12-30 所示。

（3）完成后发现已经恢复原来的菜单栏和任务栏,用户可以进行自由的切换了。如图 12-31 所示。

图 12-30　任务管理器窗口

图 12-31　恢复后的任务管理器窗口

【例 12-30】频繁弹出拨号连接窗口。

【故障描述】

当用户第一次进行拨号连接后,如果换一个网络后,可能会一直出现拨号连接的对话框,手动关闭后,隔一段时间又会弹出来,如图 12-32 所示。

【故障排除】

（1）打开 IE 浏览器,在菜单栏单击【工具】选项,在弹出的菜单中单击【Internet 选项】选项,如图 12-33 所示。

（2）弹出 Internet 选项窗口,首先单击【连接】选项卡,如图 12-34 所示。

图 12-32　频繁弹出拨号窗口

图 12-33　IE 浏览器打开工具菜单

图 12-34　Internet 选项窗口

如果是 IE9 的用户，需要在键盘上按 Alt 键激活，才能看到浏览器的菜单栏。

另外 IE9 的用户也可以单击右上角的齿轮按钮　，在弹出的快捷菜单中选择【Internet 选项】即可。

（3）在连接的选项卡里面选中【从不进行拨号连接】单选框，如图 12-35 所示。

（4）单击　确定　按钮保存设置，可以看到不会再频繁出现该窗口，如果需要自动进行拨号连接，选中【始终拨打默认连接】单选框即可，如图 12-36 所示。

图 12-35　设置从不进行拨号连接

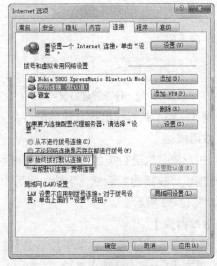

图 12-36　设置始终拨打默认连接

【例 12-31】找不到语言栏或不能切换安装的输入法。

【故障描述】

一般用户安装操作系统后，都会安装新的输入法，但是有时用户可能会遇到切换了很多遍都切换不到自己的输入法，这很可能是因为用户没有将新输入法加载到语言栏里。如果语言栏中只有一个输入法，那么系统就不会显示语言栏。

【故障排除】

（1）打开控制面板，将左上角的查看方式设置为【类别】，然后单击【时钟、语言和区域】选项，如图 12-37 所示。

（2）弹出时钟、语言和区域窗口，单击【区域和语言】选项，如图 12-38 所示。

图 12-37　控制面板窗口

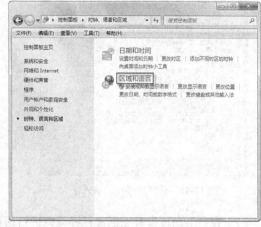

图 12-38　语言和区域窗口

（3）在【区域和语言】对话框的【键盘和语言】标签中，选择"更改键盘（C）…"，如图 12-39 所示。

（4）弹出文本服务和输入语言窗口，选中【常规】选项卡，可以看到在已安装的服务中只有【美式键盘】一个选项。此时单击 添加(D)… 按钮，如图 12-40 所示。

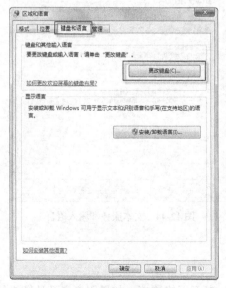

图 12-39　区域和语言窗口

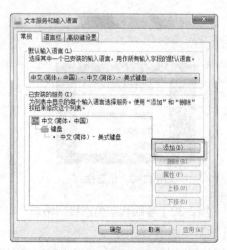

图 12-40　添加输入法

（5）弹出添加输入语言窗口，在语言列表框找到需要添加的语言，在前面的复选框打钩，这里选择【搜狗拼音输入法】选项，然后单击 确定 按钮，如图 12-41 所示。

（6）退出【添加输入语言】窗口，可以看到刚刚添加的语言已经显示在已安装的服务列表中，单击 确定 按钮保存并退出，如图 12-42 所示。

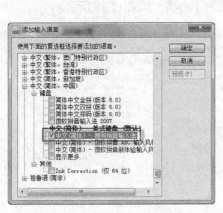

图 12-41　选择要添加的输入法

图 12-42　添加后的输入法

（7）在右下角可以看见语言栏并可以进行切换，用户也可以添加多个输入法，通过 Ctrl+shift 进行相应的切换。也可以直接通过右单击键语言栏进入设置窗口，如图 12-43 所示。

（8）在语言栏单击鼠标右键，在弹出的菜单中选择【属性】选项，弹出【文本服务和输入语言】窗口，可以快速对输入法进行设置，如图 12-44 所示。

图 12-43　语言栏

图 12-44　文本服务和输入语言

【例 12-32】睡眠状态仍连接网络。

【故障描述】

默认情况下，Windows 7 进入睡眠状态后，会自动断开网络连接。如果用户离开计算机的时间过长，并设置了睡眠模式，Windows 会进入睡眠状态，并停止下载、上传、QQ 在线等网络连接活动，下面简单介绍如何在睡眠状态连接网络。

【故障排除】

（1）单击 Windows 徽标，在弹出的菜单栏搜索文本框内输入"regedit"，然后回车，如图 12-45 所示。

（2）弹出【注册表编辑器】窗口，在左侧的树状目录单击【HKEY_LOCAL_MACHINE】前的三角箭头展开注册表目录，依次展开【HKEY_LOCAL_MACHINE\SYSTEM\CurrentControlSet\Control\SessionManager\Power】目录，如图 12-46 所示。

图 12-45　进入注册表

图 12-46　注册表窗口

（3）展开到 Power 后，单击该文件夹，在右侧可以看到一些注册表选项，如图 12-47 所示。

（4）在 Power 文件夹单击鼠标右键，在弹出的快捷菜单选择【新建】【QWORD（32-位）值】命令，如图 12-48 所示。

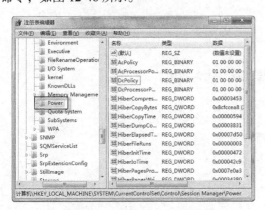

图 12-47　进入 Power 目录

图 12-48　新建 QWORD（32-位）值

（5）在右侧窗口可以看到新建的注册表项，命名为"AwayModeEnabled"，如图 12-49 所示。

（6）双击该选项，弹出编辑该项的值的窗口，在数值数据文本框输入【1】，如图 12-50 所示。

（7）单击 确定 按钮保存设置，可以看到注册表里多了一个选项，说明设置成功，此时用户计算机在睡眠状态可以连接网络，如图 12-51 所示。

图 12-49　设置名称

图 12-50　设置数据数值

图 12-51　设置完成

12.6　习题

1. 硬件故障的产生原因主要有哪些？
2. 硬件故障诊断过程中使用的工具主要有哪些？各有什么作用？
3. 硬件故障诊断的原则和步骤是什么？
4. 硬件故障诊断的方法有哪些？如何操作？
5. CPU 和风扇的常见故障原因和处理方法有哪些？
6. 主板的常见故障原因和处理方法有哪些？
7. 内存的常见故障原因和处理方法有哪些？
8. 显卡的常见故障原因和处理方法有哪些？
9. 计算机故障处理要遵循哪些原则？
10. 列举可能引起软件故障的因素（至少 3 个）。